プログラミングなしではじめる人工知能

天野 直紀 ● 著

Microsoft Azure Machine Learning Studio (classic)

Ohmsha

はじめに

筆者は蕎麦が好物です。先日も大阪でとても美味しい十割蕎麦の店を見つけまして……ではなくて、以前テレビで蕎麦職人が蕎麦の花を育てている、という番組を見ました。その内容に本書に対する筆者の考え方がうまく表現されている、と感じました。

その蕎麦職人も店舗や道具をすべて自作してはいないでしょう。なぜ蕎麦の花を自分で育てているかといえば、自分の求める味の蕎麦を実現するために、それが最も適しているからでしょう。もしも、同質の蕎麦粉を安価に購入できるならば、自分で育てずに、その分の人力を蕎麦打ちや店舗営業に振り分けるのではないでしょうか。

人工知能（AI）・機械学習の利用も、この蕎麦屋さんと同じだと筆者は考えます。

AIを試してみたい、というのは最終形のサービスの実現とはずいぶんと違う水準です。その意味ではプロの蕎麦屋さんというよりも、手打ち蕎麦を試しに作ってみたい、ということかもしれません。そこまでハードルを下げないにしても、蕎麦をメニューに追加しようとしている和食レストラン、といった位置付けでイメージすればよいかもしれません。

このときに、蕎麦の花を育てるところから始めるのでしょうか？　筆者はフードサービスの専門家ではないのであくまでも感覚的にいうと、最初は手軽に入手できる材料を買ってきて、試作するのではないでしょうか？　そして試作した蕎麦を試食した上でメニューに載せるとなったときに、人気商品にするには独自の蕎麦粉が必要だということであれば、蕎麦の花を育てるという選択肢があるかもしれません。あるいは自分では育てないで、農家に依頼するのではないでしょうか。いずれにしてもそれはかなり極端な選択で、経営的なリスクの大きな決定になると思われます。通常であれば、蕎麦粉をそのまま買ってきて使って営業し、事業が安定・拡大してきてから蕎麦の花の育成を考えることでしょう。

本書では、読者の皆さんが何かAIを適用したい目的・本業があると想定しています。例えば○○を扱う中小企業の経営者で、○○の応用製品としてAIを使用したい、といった具合です。ここでいきなりAIを自作するとか、専門家に外注するというのはリスクが大きすぎます。

そうであれば、AIを蕎麦粉のように買ってきて使えばよいのです。あるいは蕎麦の麺を買ってきてもよいでしょう。これはつまり、プログラミングはしないでAI・機械学習を使用するということです。そのようなプラットフォームがいくつも出てきています。

そもそもプログラミングをしなければ、と考えるのはなぜでしょうか？

筆者の研究では、計測した信号データのパワースペクトルを用いることが多々あります。パワースペクトルは、信号に対するいろいろな周波数の信号の含有率のようなものです。音楽が好きな方はイコライザーを思い浮かべてください。グラフの左側が高いと低周波、右側が高いと高周波の音の含有率が高いことがわかります。このパワースペクトルは多くの場合、FFT（高速フーリエ変換）という演算処理によって求めます。

筆者の記憶をたどってみると、（30年程前のことなので記憶が曖昧なところがありますが）FFTのプログラムを自分で書いたのは大学院修士課程1年次、C先生の信号処理に関する講義の最終レポートでした。授業で学んだことや専門書を頼りにC++言語で実装したように記憶しています。レポート課題の演算結果を示すために、そこで処理に用いる信号処理をひととおり、基本的な入出力からDCT（離散コサイン変換）やFFTのプログラミングをしました。実際はそこまでは不要だった模様で、筆者のレポートの枚数を見たほかの学生は、なんでそこまでしたのか、と呆れた様子だったことを今でもよく覚えています。

それ以降、この30年間で、私がFFTのプログラミングをしたのは、プログラミングや信号処理に関する授業のための例題作りで数回あったように記憶しています。しかし、それを研究など実用で使ったことはありません。

では、パワースペクトルをどうやって求めているか、すなわちFFTをどうやって実行しているかといえば、何らかのデータ処理ツールを使っています。最近であればExcelやRを使います。制御プログラムに組み込む場合にも、数値演算ライブラリーを使用します。もっと簡単な処理、例えば平均値を求めたり、並べ替えたりするのにも、ほとんどプログラミングはしません。仮にC#やJavaのプログラム中であればライブラリー（FFTを標準ライブラリーに備えていない場合ならば外部ライブラリー）を用います。そのほうが手間も省けますし、自作によるミスも予防できます。

皆さんも平均値を求めるのに自作プログラムを開発したりしないですよね？　きっと電卓やExcelなどのソフトウェアを用いると思います。このように、機械学習よりも簡単なデータ処理ですら、自前で行うことはほとんどありませんから、AIも自前でプログラミングすることはない、というのが本書の立場です。

もちろんコンピューターサイエンスを志す学生でしたら、自分でプログラミングしてみるべきでしょう。既存のアルゴリズムでは実現できない対象ならば、やはりプログラミングが必要かもしれません。ですが、それらは全体から見れば少数・例外でしょう。少なくとも本書で想定するような試行の第一歩から必須となることではありません。

人工知能（AI）も誰もが簡単に利用できるようになるべきです。そのような潮流はすでに見えつつあります。ロボットが工場から家庭などの一般社会で利用され、RPA（Robotic Process Automation）でPC上の単純作業を自動化しようというのはその一端でしょう。

問題はAIを使って何を実現するか、ということであるはずです。

そのためには既製のAIサービスを活用することが最短の道筋です。本書はMicrosoft社の提供するAzure Machine Learning Studio（classic）を用いて、AIを試行する方法を説明しています。

本書は以下のような構成となっています。

1. 人工知能（AI）とは？
2. Azure Machine Learning Studio（classic）の利用準備
3. データ形式の理解と準備
4. Azure Machine Learning Studio（classic）における処理の全体構造
5. Azure Machine Learning Studio（classic）とデータ入出力
6. Azure Machine Learning Studio（classic）内における前処理
7. 教師あり学習（分類）
8. 数値予測（回帰）
9. グルーピングと異常検知
10. 学習と推定についての評価
11. 独自処理

第1、3章は概念的なところの説明をしているので、読み飛ばしていただいても構いません。第2章ではAzure Machine Learning Studio（classic）を使用するためのアカウント設定手順を説明しています。

第4、5、6章はAzure Machine Learning Studio（classic）における操作手順の基礎を扱っています。Azure Machine Learning Studio（classic）はGUI上で処理を実現できますので、その操作・設定方法を習得します。

第7、8、9章は具体的な機械学習処理を取り上げています。Azure Machine Learning Studio（classic）上で代表的な機械学習の処理として、Classification、Regression、Clustering、Anomaly Detectionなどを示しています。最も理解しやすいのはClassificationでしょう。特に目的がなく学ぶ場合にはこれを推奨します。

第10章では評価について述べています。機械学習はその結果の評価を適切にできないと混乱してしまいます。この章ではその基礎的なところをまとめてありますので、ぜひ一読していただきたいところです。

第11章は本書の趣旨からやや逸脱しますが、Azure Machine Learning Studio（classic）を実践的に応用するためのヒントをまとめています。

また、巻末に参考文献を掲載し、本文中ではその番号を [] で示しました。

これらを通じてプログラミングしない、機械学習の活用方法をご理解いただけるものと考えています。本書が、事業や研究などの試行に短期間で取り組んで結果を出すための一助になれば幸いです。

2020 年 8 月

著　者

CONTENTS

Chapter 3 データ形式の理解と準備 33

Chapter 4 Azure Machine Learning Studio（classic）における処理の全体構造 61

Chapter
1

人工知能（AI）とは？

1.1 注目されている AI とその展望

1.1.1 AI による産業革命

「AI」「人工知能」という単語がニュースや SNS などで盛んに取り上げられています。産業革命、Industry 4.0、Society 5.0 といった呼び方もされる時代の中で、AI はそのキーテクノロジーとして喧伝されています。

18 世紀半ばに起こったとされる第 1 次産業革命では、蒸気機関による機械化が労働環境を激変させました（**図 1-1**）。それまで力といえば、人力を中心に馬などの動物、風や水といった自然の力の一部利用が主なものでした。いずれも当時は大変有益だったと考えられますが、その後の動力と比較すれば非力か、自在に適用できる対象でありません。蒸気機関によって任意の場所・時に継続的に機械的な力を利用できるようになったことで、過酷な重労働が軽減されたと考えられます。

図 1-1　第 1 次産業革命（copyright Archivist@Adobe Stock）

19 世紀後半の第 2 次産業革命では、電力と化学の発達による大量生産や長距離輸送が可能となりました（**図 1-2**）。蒸気機関よりも扱いやすい電力、錬金術ではありませんがものの性質を変化させることのできる化学により、工場における製造や、車・船・飛行機といった輸送機械が物量とその適用範囲を大幅に広げました。

図 1-2　第 2 次産業革命（copyright Archivist@Adobe Stock）

第 3 次産業革命は、コンピューターの出現によるものとされています（**図 1-3**）。これはコンピューターによる単純な繰り返し労働からの解放という側面があったと考えられます。これまでは人手でなければできなかった作業のうち、コンピューター的な観点で見て、単純なものが機械化・自動化されたと考えられます。いわゆるオートメーションです。また、ここまでは製造業を中心とした「モノ」が中心の話であったのに対し、コンピューターはソフトウェアによるデータ処理・解析という面から、産業だけでなく、他の分野でも機械化を進めました。

図 1-3　第 3 次産業革命（copyright phonlamaiphoto@AdobeStock）

AI に代表される近年の技術革新は、第 4 次産業革命と目されています。コンピューターの性能向上として見るならば、第 3 次産業革命の延長線上と理解することもできるでしょう。インターネットを第 4 次とする考え方もあるようで、その場合には AI は第 5 次ということになるでしょう。産業革命といういい方は歴史的な表現ですから、未来の歴史家に改めてその評価をしてもらうことにしましょう。現時点では、それくらい劇的な変化であるということは確実だと考えられています。

1.1.2 AI による自動化・効率化

従来、繊細さ・フレキシビリティーという面で人間が担ってきた作業を機械化・自動化するためには、膨大なコストがかかりました。例えば、少量多品種の製品を袋詰めする作業を小さな工場で考えてみると、その作業をロボットアームなどによって自動化することは原理的には可能でしょう。しかし、逐次、設定・プログラミング（ティーチング）をしなければならず、時間的にも金銭的にもコストが割に合わず、結局は人手で行ったほうが早くて安い、ということで非現実的なことが多かったと考えられます（**図 1-4**）。

このような時間を短縮し、低コスト化するには、コンピューターによる高度な認識技術が必要でした。そして、現在の AI はそれらの多くを実現できるレベルに到達した技術といえます。さらにいえば、AI を用いた高度な需要予測などにより、そもそもの作業の実施自体が効率化・最適化されることも考えられます。

前述の少量多品種の袋詰めのような作業に対し、筆者の研究室にいる大学院生の S さんは、RPA（3.8.2 項で説明します）と呼ばれるソフトウェアとデスクトップ型のロボットアームを組み合わせることで、簡単に自動化を実現する仕組みを研究しています。これまでは自動化が難しく人力で解決してきた作業を、AI/ 機械学習を活用することで現実的に自動化できる可能性を示唆しています。

図 1-4　自動化のコスト

このことは製造業に限りません。ビッグデータや IoT は AI と密接に関わりのあるキーワードです。これは多様かつ大量なデータを収集・分析することにより、これまでわからなかったことを明らかにしたり、原理的にはわかっていても物量・コストの面から実現できなかったことを達成しつつあります。コンテンツやサービスといった視点が広く、社会全体に大きな影響を与えます。

1.1.3 より身近になる AI

このように AI は世界を大きく変化させると見込まれています。

この AI（Artificial Intelligence）を日本語に直訳すると、人工知能です。旧来の SF 的な人工知能はまったく人間と同じように振る舞う、あるいは人間というよりも神のような上位存在であるかのような存在として描かれることが多かったように思います。近年ではそうではない、現代的な意味でリアリズムのある作品も多くあります。例えば、筆者の愛読する神林長平氏の作品の中に、『帝王の殻』[1] という小説があります。この小説には 1 人 1 個所有する人工脳が登場します。この人工脳は持ち主と同じことを経験し、持ち主に成り代わって話すことすら可能として描かれています。スマートフォンの延長線上にそういった AI 的なものが出てくるのは必然で、近い未来のことかもしれません。

もはやスマートフォンはその人工脳に相当しつつあるといってもよいかもしれません。ショッピングサイトや映像・音楽コンテンツサービス上のリコメンド機能は、すでにそのようなもの・機能と考えることもできます。例えば Google 社が提供し始めたメールの返信文案作成機能などは、そのような未来を実感させるものです。機械翻訳技術もいよいよ実用化レベルに近づきつつあります。Google Home に「通訳して」とお願いするだけで、同時通訳のような機能が提供されるほどです。筆者は先日、留学生との対話の確実性を上げられるのではないかと考えて Google Nest Hub を購入しました。このように現時点では、日常生活を大きく変えるような、小さくても多くに関わる技術です。一つひとつは数千、数万円の家電が、皆さんの生活を激変させるのです。

1.1.4 AI のスキルはリテラシーに

もちろん限界や問題点もありますが、その効果は絶大なものなので、AI の活用はもはやほとんどの分野において不可欠と見込まれています。それは技術分野に限定されません。むしろ、AI によって IT を普遍的に適用できるようになるという見方からすれば、技術分野以外でこそ、効果が大きいと期待できます。そのような時代ですから、AI の導入スキルは（情報）リテラシーの 1 つと考えるべきです。つまり、特殊な技能ではなく、誰もが使えるべきだ、という意味です。

例えば、皆さんの多くはさまざまなデータ処理のために Excel（もしくはそれに類する表計算ソフトウェア。あるいはもっと高度な分析ツールや会計ソフトウェア）を使っているのではないでしょうか？　もはや表計算ソフトウェアの存在しない社会はイメージしにくいのですが、表計算ソフトウェアの登場以前にはどうしていたのでしょうか？　いうまでもなく、紙面と電卓、電卓以前はそろばんや計算尺を用いていた、ということになります（**図 1-5**）。コンピューターを使う場合でも、独自のプログラムを作成するしかありませんでした。

図 1-5　手計算と表計算ソフトウェアの利用

今の AI は、ある意味では表計算ソフトウェアと同じように考えられます。AI を使うことは、特殊スキルのように今は思えるかもしれません。しかし、すぐに一般スキルになるでしょう。これからの時代に AI を利用しないことは、手計算やわざわざ一点もののプログラムを作成するようなものです。手計算を一概に否定するものではありませんが、業務など実用の面でいえば、表計算ソフトウェアを使用しないことはもはや考えられません。同じように、AI を導入することは必然なのです。

本書は AI がまだプログラミング中心であるものの、徐々に表計算ソフトウェアのように一般化しつつある現在において、その方向性を示し、簡単に試行できるように支援することを目的としています。

1.2 機械学習とは？　～最小二乗法を例に～

「ディープラーニング（Deep Learning）」は、現在の AI 分野で最もホットなキーワードです。少なくとも国内における現在の AI ブームはディープラーニングによって喧伝されたと考えてよいでしょう。

筆者の理解では、前回の AI ブームは「ファジー（Fuzzy）」でした。ファジー炊飯器、ファジー洗濯機といった製品が 1990 年頃に大量に発表・発売されました。0, 1 のデジタル的な判断に対し、その中間を定義するファジー集合（ファジー論理）を用いた制御（ファジー制御）によって、より人間味のある（？）曖昧な対処ができるというのが売り文句だったといえるでしょう。

ディープラーニングをものすごく簡単に説明すれば、「機械学習（Machine Learning）」の中でも「ニューラルネットワーク（Neural Network）」における「トレーニング手法（パラメーター決定）」の 1 つで、とても優れた手法です。以前は現実的には困難であった、複雑・大規模なニューラルネットワークを現実的にトレーニング可能としました。

機械学習とは、事象の関係をコンピューターによって自動的に見いだそうというものです。さまざまな分野で用いられている最小二乗法は、機械学習の 1 つとしてイメージできます（最小二乗法が機械学習である、という意味ではありません）。

最小二乗法を学んだことのある方も多いと思いますが、理解を進めるために簡単に説明しておきます。ここでは単純に 2 次元データを直線に当てはめることを考えます [2]（**図 1-6**）。

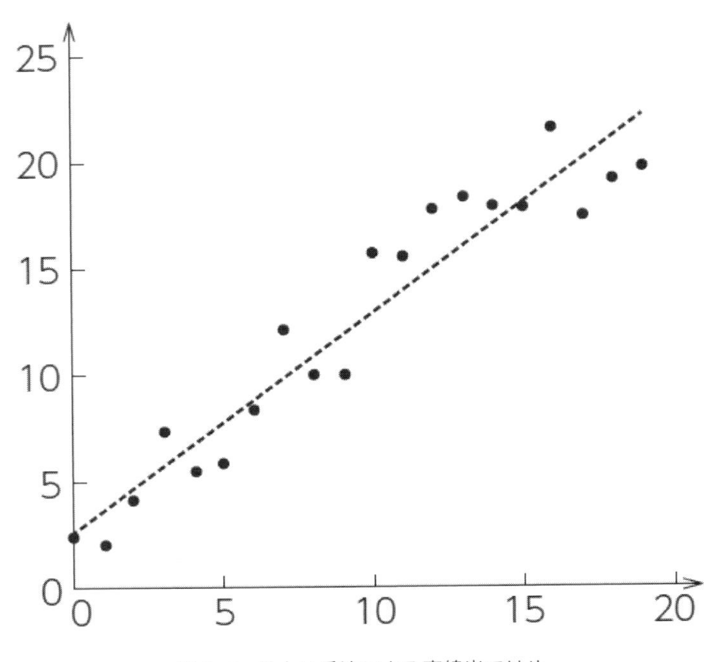

図 1-6　最小二乗法による直線当てはめ

得られたデータのちょうど真ん中を直線が通ると考えます。この真ん中をどのように定義するかが問題となるわけですが、最小二乗法では各点からの直線への距離を誤差とし、その誤差の総和が最小になるような直線であると考えます（**図 1-7**）。すべての誤差が 0 ならば、すべての点で直線上に乗っているということになります。

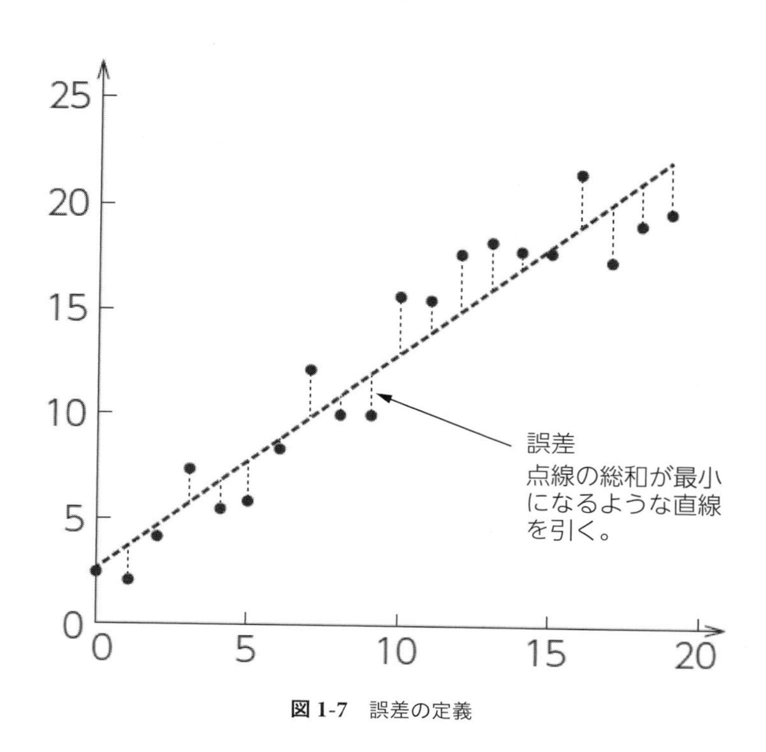

図 1-7 誤差の定義

誤差があるので、各点は必ずしも直線には乗っていませんが、総じて誤差が小さくなればよいだろうと考え、最小二乗法では誤差の総和を最小化するような直線として定義します。数学的には数値の最小値は、微分値が 0 となる点として算出可能です。これはすなわち、直線パラメーターが定まることを意味します。最小二乗法では直線というモデルを与えていますが、機械学習のさまざまな手法ではそれぞれに固有の算出を行っています。

機械学習の一分野として「ニューラルネットワーク（Neural Network）」があります。これは人間の脳の構造にヒントを得た機械学習の手法です。その詳細は後述します。現在、AI と呼ばれているものの根底はこの機械学習だといってよいでしょう。

1.3 ニューラルネットワークとは？

ニューラルネットワーク（Neural Network）は人間の脳の仕組みをモデルにしたものである、というのはよくある説明です。しかし、これは起源を説明してはいますが、振る舞いや仕組みの説明にはなっていません。ここではニューラルネットワークを計算アルゴリズムとして考えてみます。

まず、ある出力は入力と何らかの定数に依存していると考えます。2項演算子ならばxとy、鍋の温度なら火力と鍋の熱導電率と水量が入力でしょうか。さまざまな物理モデルがありますが、ここではそれらを表す演算は究極的には加算で表現できると考えます。減算は負の値の加算、乗算は加算の繰り返し、といった具合です。ということで、すべてを加算の組み合わせで考えると、ニューラルネットワークにおけるモデルが現れます（**図 1-8**）。

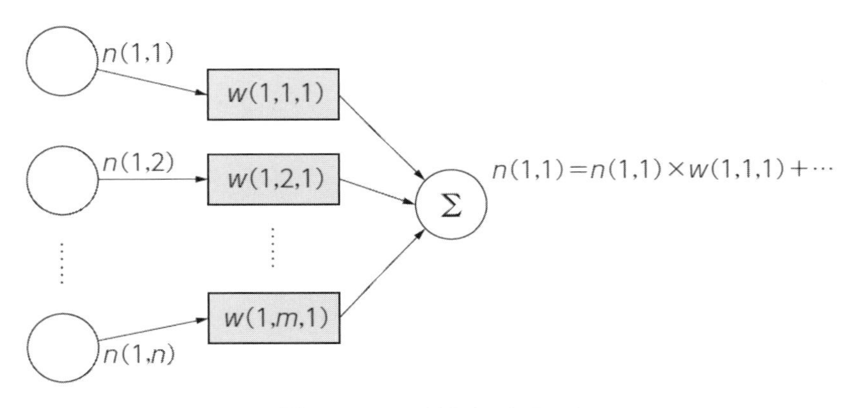

図 1-8　ニューラルネットワーク

ただし、このモデルは加算しかないので、多数の素子（図 1-8 の○）が多数の連結（図 1-8 の矢印線）をしないと、複雑な状態を計算できません。素子が増えれば増えるだけ、定めなければならないパラメーター（重み付け係数、図 1-8 の□）が増えます。パラメーターは増えてしまいますが、適切な値を指定できれば、複雑な処理も再現できます。掛け算を足し算で表記するようなものです。

単純に考えると、素子数を十分に多くして、パラメーターを完璧に設定すれば、どんな処理でも実現可能です。それが映像から人の顔を認識することであっても、株価を予測することであっても、文章を校正することであってもです。

ニューラルネットワークにおいては、このパラメーターを定めることを学習といいます。人間や動物の脳において、ニューロンのネットワークはさまざまな経験を通じて定められます。これを特化して行うことが教育といえるでしょう。人工的なニューラルネットワークでは、さまざまな知見に基づいてこのパラメーターを決定します。

この方法の問題点は、素子の数が増えると決めなければならないパラメーターの数も膨大な数に膨れ上がり、それらを適切に定めることが難しくなるということです。例えると、2人しか人間がいなければその関係は単純ですが、100人も集まればさまざまな問題が発生する、といったことです（ちょっと違う気もしますが）。

1.4 ディープラーニング [3] とニューラルネットワーク

ディープラーニング（深層学習）は、前述のニューラルネットワークのパラメーターを決定するための、非常に効果的な手法です。この手法の実現により、以前は実用的な時間内には決められなかったような複雑なニューラルネットワークのパラメーターを決められるようになりました。

もちろん無限に複雑にできるわけではありません。しかし、コンピューター性能の向上との相乗効果で、その実現できる内容は社会において実用的な水準に到達しました。この「実用的な水準」というのが大切なことです。

例えば、手書き文字の認識は従来、非常に難易度の高い処理でした。これまでOCR（Optical Character Recognition）ソフトウェアとして実用化されていましたが、その対象は限定的なものでした。ところがAI技術はこれをずいぶんと高い水準に到達させています。そのため、OCRも非常に多くの対象に対して適用可能になりつつあります。

ディープラーニングの詳細は本書では説明しませんので、文献 [3] などを参考にしてください。

1.5 機械学習のトレーサビリティー

次に、機械学習によって求められた学習結果をどのように評価するか、という点について考えてみます。筆者は実はこの点が最も重要なのではないかと考えています。というのは、評価方法がわからないと、機械学習の利用者がプログラミングをし始めてしまうのではないか、と推測しているからです。

人はわからないことがあると心配になります。例えば、店頭で調達可能な食材の成り立ちに疑問を覚えた人は、家庭菜園でトマトを育てて自分の目で確認する場合があります。製造過程をすべて手元で実現すれば、見えないことは確かになくなります。ですが、この方法には明らかに限界があります。レストランですべての食材を自分で一から育てるというのは、一般的には商売にならないでしょう。それにその食材に使う肥料は？　種の品種は？　などと考え出すときりがありません。

本書における筆者の主張は「プログラミングをしないで、その余力を本来の課題に振り向けるべし」というものです。食材作りでなく、調理に集中してほしいのです。食材はほかから調達しましょう。

食品の安全性を担保する方法はいくつかあります。1つは成分を分析する手法です。水質検査や含有量の測定はこれに類する手段です。

一方で、食材の分野ではトレーサビリティーという言葉がよく聞かれるようになりました。これはその食材がどのような経緯で製造されたのかを、追跡可能にするものです。この白菜はA農園で作られた、A農園では農薬としてBとCを使っている、といった具合です。ステーキハウスに行くと、牛肉のIDが提示されている、ということもあります（**図1-9**）。

図1-9　牛肉のトレーサビリティー

機械学習におけるトレーサビリティーの1つは、学習とその結果に対する評価です。教師あり学習と呼ばれる手法の場合、トレーニングに用いたデータと、その学習結果との合致程度がこれに相当するでしょう。

これを学習ということから、塾に例えるともっと合致します。皆さんが受験を控えた受講者の保護者だとしましょう。目的は志望校への合格です。これに対して、依頼主である保護者は受講者を塾に送り出します。これはすなわち、合格するに足る、成績向上を期待しています。

このとき、評価はどのようにしているのでしょうか？　もちろん最終的には志望校の合格・不合格という評価をしますが、これは後付けの評価です。結果が出てしまってからではある意味で評価の意味がありません。それでは受験前の時点での評価はどのようにするでしょうか？あるいはそもそもどの塾を選ぶのか、はどのように評価しているのでしょうか？

塾を選ぶという視点で見てみると、これはカリキュラムやコースなどの教育内容・体制とその実績によるのではないでしょうか？　教育内容・体制は例えば講師陣、テキストなどによって提示されます。また過去の受講者の合格実績も有効です。

次に、通っている途中での評価について考えてみます。これは模試の点数によって評価できますね。模試の点数がいつまでも悪かったら、塾を変えることを検討するでしょう。

ここで塾での教育実施と模試とは何なのでしょうか？　教育実施はさまざまな過去のデータに基づいたトレーニングです。これは学業に限らず、スポーツでも同じでしょう。基礎的なスキルを獲得し、過去の事例から実践を想定した応用力を身に付けるわけです。模試は擬似的な入試です。過去のデータから推定される入試水準の問題を解くことにより、合格の可否や合格水準までの到達度を推測しています。

機械学習もどのようなトレーニングデータを用いたか、学習結果がどれくらい有効なのか、ということで評価できます。イメージとしては過去10年間の問題のうち、9年間分でトレーニングを行い、残った1年間分で模試をしてみるような感じです。

機械学習の導入は仕様に基づくものではなく、このようなトレーニングベースの価値観であるべきだと筆者は思います。従来であれば精度○○といった考え方が成立しましたが、機械学習では過去のいずれかとまったく同じデータが入力されるのでなければ、精度のような形で推定することはできません。しかし、どのようにトレーニングしたものか、模試の結果はどうか（そしてそれがどんな模試であるか）、という形でならば説明可能です。

1.6　AIと機械学習

おそらく歴史上、単語としてのAIは本来「人工的に作られる人間と同等な脳」を意味するのだと思います。そこには感情や自己、といったどちらかといえば哲学によるようなことも含んだ存在です。SFに出てくるロボットに搭載される脳は、このようなAIでしょう。

一方で感情や自己といった高次の部分はなくても（あるいはないほうが）便利な部分がたくさんあります。例えば同じ動作を繰り返すような場合、人間は疲労感・徒労感を持つことがありますが、機械にはそういった感情がないほうが実用性は高いでしょう。現在のAIの理想はこのような存在なのだと思います。人の知的労働の多くの部分までも代替できる存在、自動機械としてのAIです。

これまではコストの面で人でなければできなかったような仕事をAIの利用で機械に置き換えることができるとすれば、（人道的・社会学的な問題は別にあるとしても）人をストレスから解放し、危険を減らすという技術の役割を果たせます。例えば、自動運転技術が実用化されれば、疲労や不注意に起因する交通事故が激減するでしょうし、ドライバーが心身を疲弊させることもなくなります（**図1-10**）。

図 1-10　自動運転で安全・快適

これであれば機械学習はそれにかなり近いところにいる、あるいは達することができそうだ、というのが現在の AI ブームの立ち位置でしょう。

1.7 クラウドサービスとは？

AI の利用を前提とする技術の 1 つがクラウドです。これは同一性のある事柄ではありませんが、多くの面で密接に関連しています。

1.7.1 オンプレミスとは？

クラウドサービスに対する対義語はオンプレミスです。最近ではよく聞くようになっていますが、オンプレミスのほうは IT 業界限定で、あまり普遍的とはいい難いかもしれません。オンプレミスは自前でサーバーを立ち上げて管理し、ソフトウェアも自前で導入・管理する旧来型のサーバー・サービス管理の手法です（**図 1-11**）。

オンプレミスには完全に自前であるがゆえの、メリットとデメリットがあります。

図 1-11 オンプレミス

メリットは、完全に管理下におけることでしょう。これは資産という面でも、情報管理という面でも、自己満足という面でも理解可能です。また、完全に閉じたネットワーク下に配置することも可能です。スタンドアローンでネットワークに接続しないことさえもできます。

デメリットは、すべてを自前で管理しなければならないことのコストでしょう。スキルの面で見れば、ざっと挙げてみても、

- 電源供給
- 故障対応（ミラーリングなど）
- 温度・湿度管理
- サーバー・ネットワーク機器・UPS などの選定・購入・設置・維持・更新
- 上記機器の設定・最適化
- システム・データのバックアップ
- OS の導入・更新
- ソフトウェアの導入・更新

と、ありとあらゆる事柄ができるだけの人材を必要とします。多くの場合、特化したその管理は属人化してしまい、フレキシビリティーを失います。また、特にセキュリティを維持するためには日進月歩の攻撃手法を理解せねばならず、かなり高度な人材を継続的に確保しなければなりません。

1.7.2 レンタルサーバー・VPSとは？

オンプレミスに対し、ハードウェア部分を外部化する手法がレンタルサーバーやVPS（Virtual Private Server）です（**図1-12**）。これは企業が管理し提供するサーバーをリモートでアクセスするもので、サーバーが物理的に1対1対応する場合をレンタルサーバー、仮想的なサーバーである場合をVPSと呼びます。VPSは近年、安価で手軽に導入することが可能になっています。また、サービスによってはオンプレミスのサーバーをVPS化するといったこともできます。

レンタルサーバーもVPSもハードウェア管理を外部へ委託することで、負担軽減を図ることができます。

図1-12 レンタルサーバー・VPS

しかし、ソフトウェア面ではオンプレミスと同一です。

セキュリティについてはサーバーとネットワークまでは提供企業に一任できるので、その範囲については専門性の高いスキルを有する人材を確保する必要はなくなります。

1.7.3 ホスティングとは？

次に述べるクラウドサービスとの区別は難しいところがありますが、企業にソフトウェアサービスを移管するのがホスティングです。オンプレミスで稼働させていたWebサーバーを外部へ委託する、というイメージがこれに該当します。

その意味ではほぼクラウドサービスと同じメリットがありますが、共通化されたクラウドサービスと異なるため、一般的には高コストになります。

1.7.4 クラウドサービスとは？

上記に対し、クラウドサービスではソフトウェアの機能がサービスとして提供されます。そのレイヤーはユーザーインターフェース（UI）を含むもの、プログラムから利用するAPIのようなものがあります。

UIを含むものの例としてはGmailがあります（**図1-13**）。Gmailは Google社がクラウドサービスとして提供しており、利用者はサーバー管理もソフトウェア管理も必要としません。純粋に機能のみを利用できます。

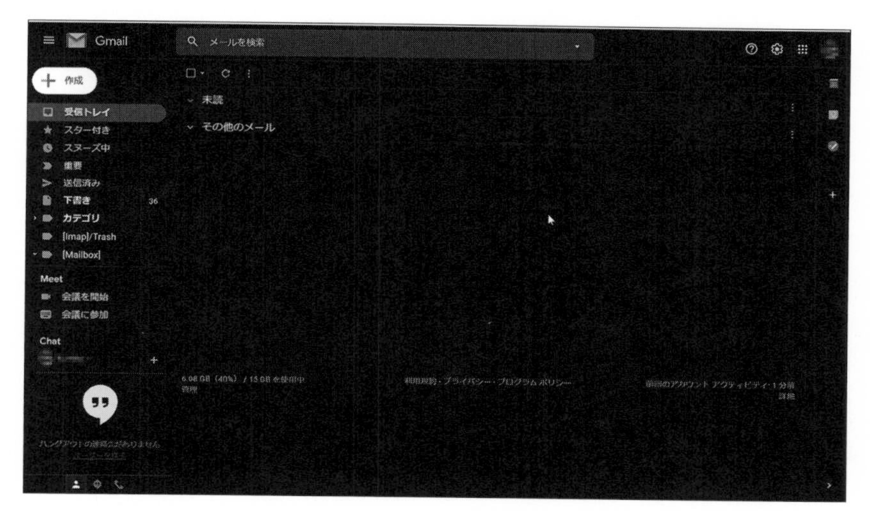

図1-13　クラウドサービスの例（Gmail）

多くのクラウドサービスは汎用的な機能を広く提供しています。同一の機能を多くのユーザーに提供しているので、非常に低い価格で高い機能が提供されているのです。

1.8 AIを提供するソフトウェアやクラウドサービス

AI（機械学習）を実現するソフトウェアやクラウドサービスも多種多様です。そのメリット・デメリットは、オンプレミス〜クラウドサービスのそれと合致します。

特に大量のデータを扱うAIの事例では、データ送受信に伴うコスト（金銭・時間）も大きな負担となる可能性があります。

1.8.1　R と R 言語

R は、オープンソース・フリー（GNU GPL。詳細は R の公式サイト [4] を参照）な統計処理ツールです（**図 1-14**）。厳密にいえば、R 言語というプログラミング言語と、その実行環境のことを意味します。

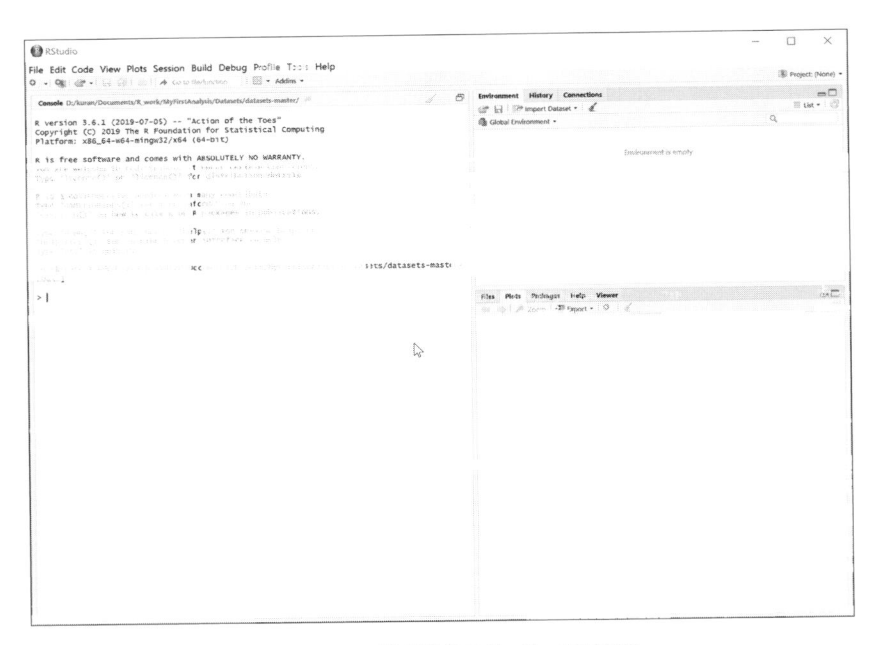

図 1-14　R の開発環境 R Studio の画面例

統計処理において R は広く用いられており、R を扱えるエンジニアは高給取りというデータもあります。また、R 言語はスクリプト言語に近い構文構造なので、プログラミング経験のあるユーザーであれば、言語固有の変数や関数さえ理解すれば、すぐに利用できるでしょう。

筆者の指導する研究室では、R を使う学生が半分、Azure Machine Learning Studio（classic）を用いる学生が半分といった状態です。データ分析を中心としている学生は R を、センサーやマイコンといった電子部品との組み合わせで IoT デバイスやシステムを構築している学生は Azure Machine Learning Studio（classic）を用いていることが多いです。それぞれにメリットがありますが、Azure Machine Learning Studio（classic）を用いるほうが実行上のハードルは低いので、いわゆるコンピューターサイエンス的な側面が研究の中心ではない学生には Azure Machine Learning Studio（classic）を用いることのメリットが大きくなっています。

1.8.2 Python と Notebook

機械学習といえばプログラミング言語の Python を使う、という大きな潮流があります。

Python 自体は、プログラミング言語として見るとインタプリター系の言語の 1 つに分類されます。構文がわかりやすいという特徴があります。データ分析でよく用いられており、優れたライブラリーがいくつも配布されています。このため、機械学習の分野でも広く用いられています。

Python には Jupyter Notebook という、ソースコード・実行結果を含むドキュメントを管理できる便利なツールがあり、この存在も機械学習において Python がよく用いられる一因でしょう（**図 1-15**）。

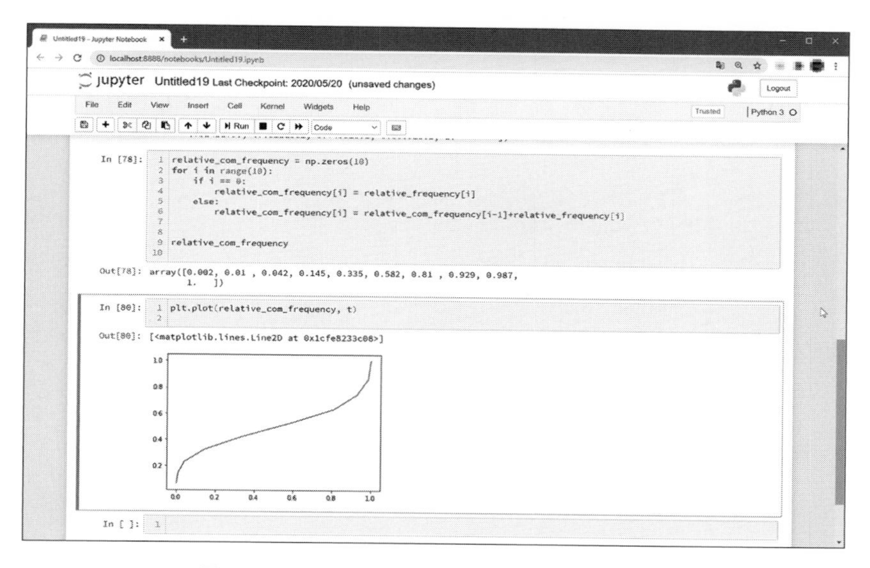

図 1-15　Jupyter Notebook 上での Python 動作例

1.8.3 GCP（Google Cloud Platform）

主要なクラウドサービスはいずれも AI に関するサービスも提供しています。例えば Google 社は GCP の中で提供しています（**図 1-16**）。

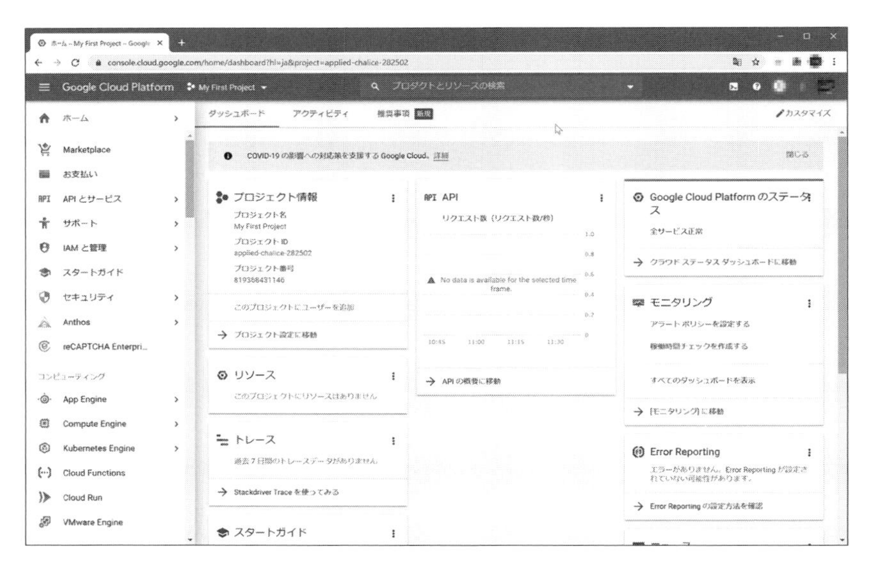

図 1-16　GCP

Google 社は、検索サイト・Gmail・Android などさまざまなサービスおよびソフトウェアによって世界的に大きなシェアを占める巨大企業です。その提供するクラウドサービスも非常に高機能なものが、日進月歩で提供されています。近年では Google アシスタント（Google Home）を通じた Voice Interface も実用性が高まっています。

1.8.4　AWS（Amazon Web Services）

Amazon 社も AWS の中で AI に関するサービスも提供しています。AWS は比較的安価かつスケーラブルに大規模な運用までサポートしており、大きなシェアを誇っています。Amazon 社はオンラインショッピング（EC）で有名ですが、その収益は実は AWS のほうがずっと多いといわれています。それだけ高性能なクラウドサービスを提供しているといえるでしょう。

1.8.5　Microsoft Azure

筆者のような古い世代の PC ユーザーにとって、Microsoft 社は MS-DOS や Windows、それに Office のようなソフトウェアを提供する企業のイメージがあります。あるいは Age of Empires のような PC ゲームやジョイスティックメーカーとして理解している人もいれば、Xbox のようなゲーム機のメーカーとして理解している人もいるでしょう。今や Microsoft 社は巨大なクラウドサービス企業でもあり、本書で機械学習のプラットフォームとして解説する Azure も、Microsoft 社が提供しています。

本章では人工知能とは何か？　ということについて、主に工学的な応用という視点から、その歴史的な背景や基本的な原理について紹介しました。

これらの理解は使ってみるということからすれば不可欠ではありません。しかし原理を理解することで応用の幅が広がります。また歴史的な経緯を理解することで、導入時の説明がしやすくなるのではないかと考えます。

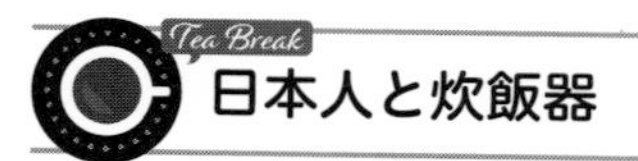

日本人と炊飯器

技術名が製品名や広告にそのまま出てくることはあまりありません。ところが、炊飯器はちょっと違うような気がします。

今でも店頭で炊飯器を見ていると「マイコン炊飯器」という文字が目に入ってくることがあります。ここに出てくるマイコンは、コンピューター素子としてのマイコンです。マイコンという言葉は PC 業界でもその初期、8 ビットのプロセッサーが使われていた頃の呼び方ではないでしょうか。

その後もファジー家電の時代にはファジー炊飯器というものが喧伝されました。この時代には炊飯器以外にもさまざまな家電でファジーという名称が使われました。

炊飯器はそれ以外にも釜の素材など、技術的な側面が強調されることが多いように思います。これは筆者の感覚的な話題なので論拠はありませんが、やはり日本人にとって米はある意味で文化の象徴で、そこに技術を競いたくなるのではないでしょうか？

Azure Machine Learning Studio（classic）の利用準備

本書では、Azure Machine Learning Studio（classic）を機械学習の開発環境として用いますが、Azureに限らずクラウドサービスの料金体系は従来の買い切り型のソフトウェアとは異なります（**図2-1**）。特に従量制の課金体制はかつての携帯電話のパケット使用料のようなイメージに近いため、これを理由に二の足を踏むところもあると思います。しかし、そこで立ち止まっていては進むことができません。

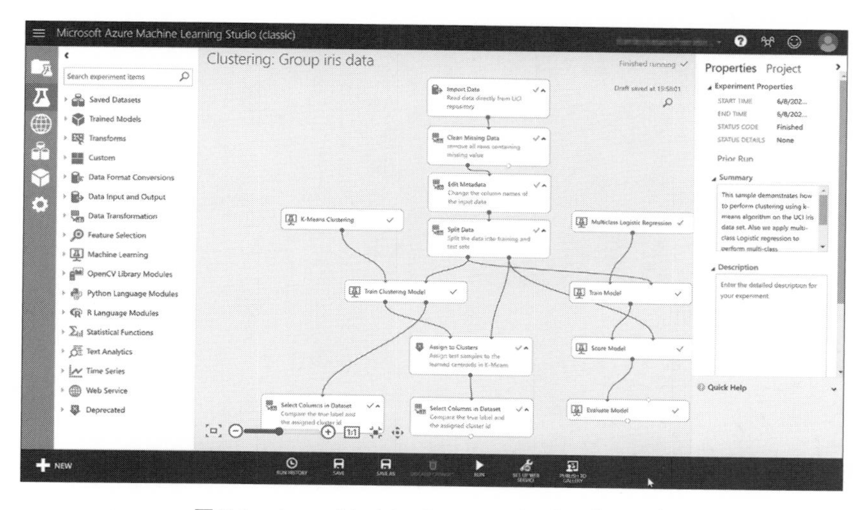

図2-1　Azure Machine Learning Studio（classic）

この章ではその利用のための設定手順を示すだけでなく、料金体系についても簡単にまとめます。一定の理解の上で、クラウドサービスを利用できるような準備を整えましょう。

なお、8時間だけですがユーザー登録せずに無料でお試しをすることもできます。

2.1 Azure Machine Learning Studio（classic）を利用するためのアカウント（ユーザー情報登録）

2.1.1 一般アカウントの登録手順

2020年7月時点での一般アカウントの登録手順を以下に示します。

まず「Azure Machine Learning Studio（classic）」を検索サイトで検索し、Webブラウザーでアクセスします（**図2-2**）。「Azure Machine Learning」というAzureの別サービスと間違えないように注意してください。ここで「すぐに始める」から登録することにします。画面右上の無料アカウントではAzureアカウントを作成することとなり、アカウント登録操作の意味が変わってきます。筆者の試行した範囲では、前者であればクレジットカードを必要としませんが、後者ではクレジットカードを必要とします。また、アカウント作成には何らかのメールアドレスを必要とします。

機械学習を試行するだけでなく、それ以上のこと、例えばIoTデバイスとの連携を行う場合などではAzureアカウントが必要となります。その課金体系については次の節で紹介します。

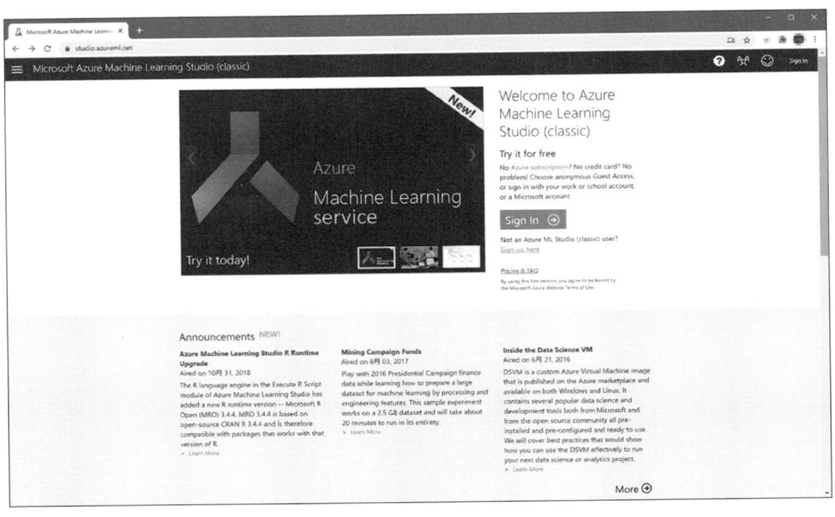

図2-2　一般アカウント登録手順（1）。画面は頻繁に変わる

次の画面（**図2-3**）では3種類の選択肢がありますが、ここでは「Free Workspace」を選ぶこ

とにします。

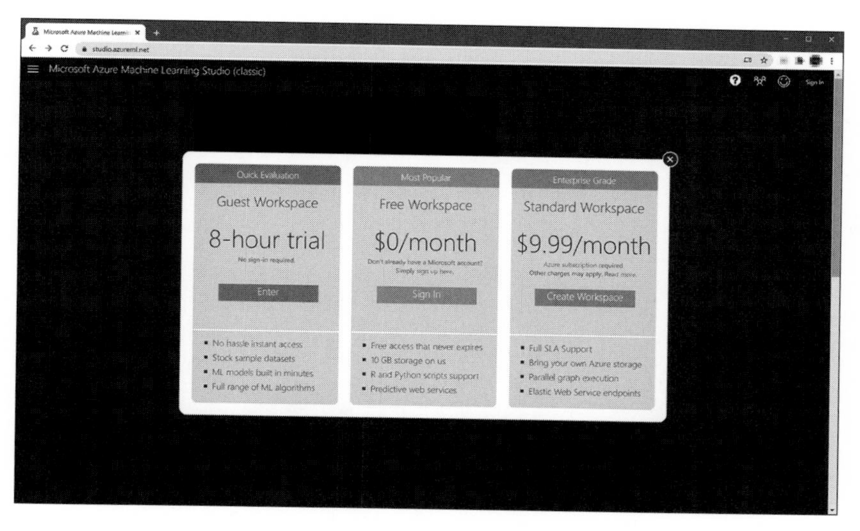

図 2-3　一般アカウント登録手順（2）

次の画面（**図 2-4**）ではサインインするアカウントを入力します。ここではアカウントがまだなく、また何らかのメールアドレスを有していることを想定していますので、「作成」をクリックします。すでにアカウントをお持ちの場合にはアカウント名（メールアドレス）を入力して完了してください。

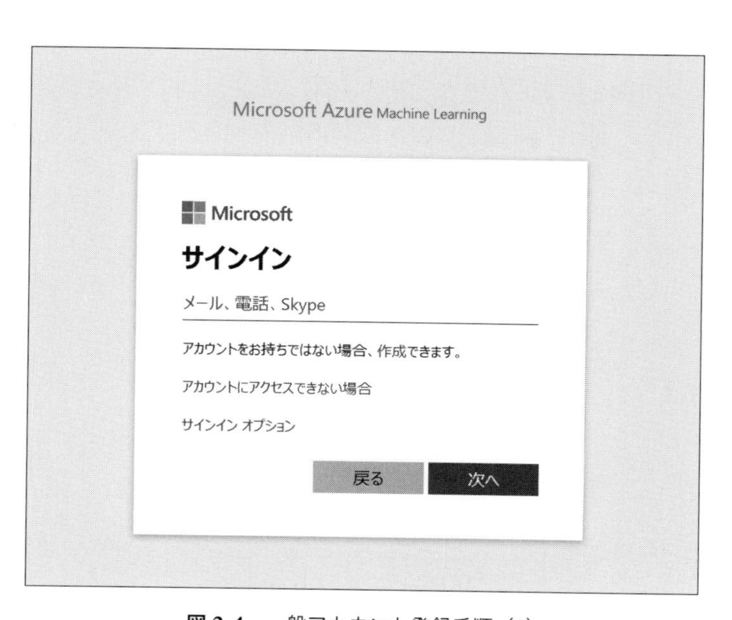

図 2-4　一般アカウント登録手順（3）

アカウント作成画面（**図 2-5**）では、皆さんが所有しているメールアドレスを入力します。

図 2-5　一般アカウント登録手順（4）

続いての画面（**図 2-6**）では、作成するアカウントに対するパスワードを指定します。パスワードマネージャーを用いて、頑健なパスワードを生成することを推奨します。

図 2-6　一般アカウント登録手順（5）

この時点（**図 2-7**）で、入力したメールアドレスに「お使いのメールアドレスの確認」という標題のメールが届きます。筆者の経験では 10 秒程度で届くようですが、届かない場合には数分待ってみましょう。

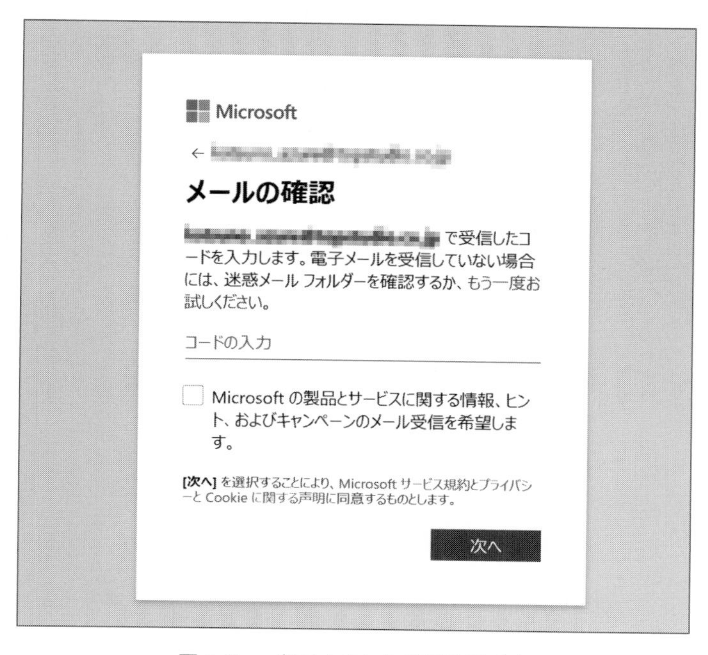

図 2-7　一般アカウント登録手順（6）

送られてくるメールは**図 2-8** のようなもので、本文中にセキュリティコードが記載されています。このコードを入力します。

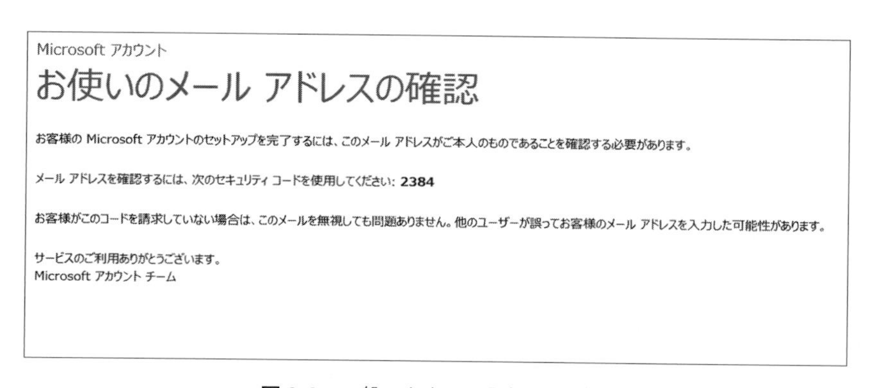

図 2-8　一般アカウント登録手順（7）

セキュリティコードを入力後、**図 2-9** のような画面になります。これは利用者が機械ではないこと（人間であること）を確認するためのものです。見えている画像にある文字をそのまま入力します。

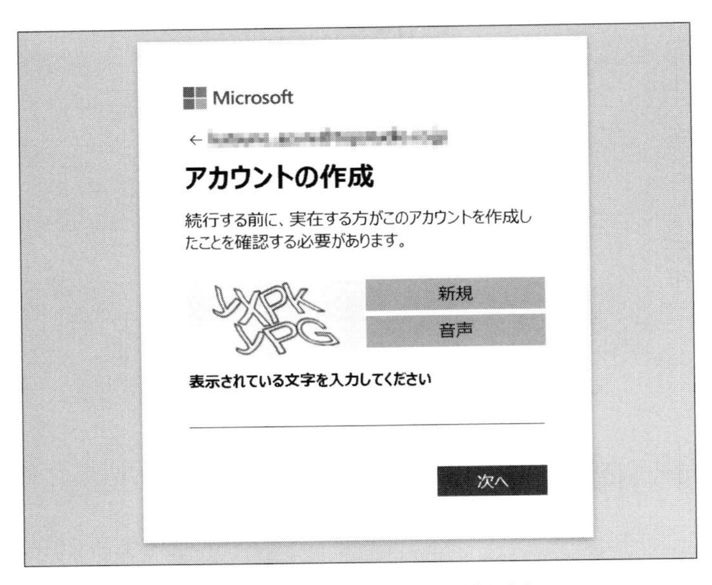

図 2-9　一般アカウント登録手順（8）

最後にサインインの状態の維持に関する問い合わせがあります（**図 2-10**）。特にリスクのある環境でなければ「はい」でよいと思いますが、各々の状態に合わせて選択してください。

図 2-10　一般アカウント登録手順（9）（表示されない場合もある）

これで登録手続きは完了です。Azure Machine Learning Studio（classic）の最初の画面（**図2-11**）が開きます。

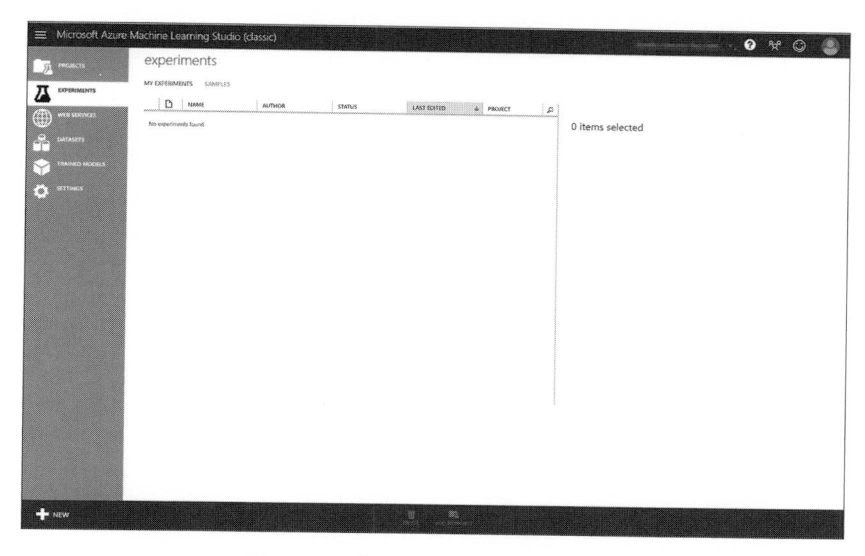

図 2-11　一般アカウント登録手順（10）

2.1.2 学生アカウントの登録手順

学生の場合、試用できる範囲がずっと広くなっています。

▶ Azure for Students - 無料アカウントクレジット
https://azure.microsoft.com/ja-jp/free/students/

2020 年 7 月時点では 100 ドル分のクレジット相当の利用ができます。

図 2-12 学生用登録画面

2.2 課金体系（サブスクリプション）

サブスクリプションの考え方として、月々のような定額制と、利用した量に応じて発生する従量制とがあります。クラウドサービスの多くは従量制のサブスクリプションを採用しています。

多くのクラウドサービスでは、導入時の試用期間や、試用のための無料枠が設定されています。厄介なことに、これらの試用期間や無料枠から有償に切り替わる手順はクラウドサービスごとに大きく異なります。ここでは Azure についての説明をします。

2.2.1 無償範囲と有償範囲

Azure（ML ではない）は基本的には使用量に応じた課金制です。ただし、無償利用できる機能と、月額制の機能と、時間制・従量制の機能が混在しています。これらの金額については Web 上で簡単に見積もりを得ることが可能です。

Azure Machine Learning Studio（classic）については無料と有料の 2 形態があり、無料範囲と有償範囲とで機能に違いがあります。最も大きな違いは、無料範囲では 1 つの Experiment（プログラムに相当）における連続実行時間が 1 時間に制限されることです。簡単で層やノード数、繰り返し回数の少ない Experiment ならば、1 時間も必要としません。

ちなみに、筆者のこれまでの利用時間の最大は 17 時間（4 層、各 2,048 ノード、10,000 回の繰り返し）でした。もちろん無償枠では実行できないので、2.2.3 項で紹介するサブスクリプションを利用しています。

2.2.2 クレジットカードによるサブスクリプション

多くのクラウドサービスでは、アカウント登録時にクレジットカードを必要とします。これは国際的に身元を確認する手段としてクレジットカードが利用されている側面があります。いわば、その人を支払い能力およびクレジットカード発行会社による特定、という意味で確認しているわけです。

このため、身元が確認されてから発行されるクレジットカードを想定していますので、プリペイド型のクレジットカードではたいてい通過できません。経験的に Visa Debit でも通過できないことのほうが多いようですが、通過できる割合は徐々に増えているようでもあります。正確にはカードの発行元による相違などもあり、事前にあまり正確には把握できません。日本国内で銀行の発行する Debit ではないクレジットカードであれば問題ないと推測されます（サービスによっては、対応しているクレジットカードを列挙していることもあります）。

アカウント登録と同時に支払い方法としても登録されることが多いので、設定を誤ると従量課金がそのまま発生することもあります。

Azure でサブスクリプションを購入すると、通常の手順ではクレジットカードが必要になります。手続きは簡単なものの、青天井の支払いは少々怖いものがあります。とはいえ、実際には課金アラートなどの仕組みもありますので、通常はこちらを使うのでしょう。

2.2.3 プリペイド（In Open）によるサブスクリプション

Azure、GCP、AWS などの多くのクラウドサービスは従量制です。これは支払い金額が青天井であるという意味でもあり、筆者のような小心者にはなかなかハードルが高いものです。主要なクラウドサービスに対しては、一部に代理業者による定額化サービスが用意されているものの、これらは一定以上の規模が前提です。個人で試行するのにはあまり適していません。

実は Azure には「In Open」というプリペイド型のサブスクリプションが存在します。筆者の知る限り、小口でのプリペイド型のサブスクリプションが存在するメジャーなクラウドサービスは Azure のみです。これは筆者が Azure を中心に据えている大きな理由の 1 つでもあります。

この Azure In Open ライセンスの詳細については [6] を参照してください。日本国内では [7] から 100 ドル分単位（2020 年 7 月時点で 11,200 円）で購入できます。こちらも詳しくは販売店等に確認してください。このような金額であれば、経費処理も簡単なことが多いのではないでしょうか。

In Open を支払い方法として設定したサブスクリプションについては、[6] において「Azure イン オープン プランのサブスクリプションの残高がゼロになると、サービスは中断されます。」と記載されています。このように料金を固定的に利用できることが、Azure In Open ライセンスの利点と考えられます。

2.3 リージョンとワークスペース

クラウドサービスによく出てくる単語の1つが「リージョン（Region）」です。例えばAzure Machine Learning Studio（classic）では、2020年7月現在、以下のリージョンが選択可能です。

- South Central US
- Southeast Asia
- West Europe
- Japan East
- West Central US
- Central US EUAP

リージョンは、直訳すると「地域・地方」です。これはサービスを提供するサーバーのある地域（国）を意味していると考えればよいでしょう。サーバーがどこにあるかということは、以下のような点で選択の基準となります。

- サービスの提供価格（異なる場合があります。多くは北米が安価なようです）
- 通信時間・通信速度（一般的に遠いほうが時間がかかります）
- トラブル・災害時の影響
- 適用される法律

価格と通信時間は単純明瞭でしょう。価格は見積もり画面で確認できます。通信時間もおおよそ常識的な想像でよいと思いますが、現在のインターネット回線はとても速いので、試行ではあまり大きな影響はないでしょう。

トラブルや災害時の影響は、当然ながらその発生場所によって異なりますので、予見できるものではありません。むしろ、実運用時にリスク分散のために異なる2リージョンを選ぶ、といったことになると思われます。こちらも試行することはほとんどないでしょう。

法律の問題は、試行段階から重要になる可能性があります。特に何らかの契約に基づいて行う場合や個人情報を扱う場合、適用される法律の相違は大きな影響があり得ます。日本国内での仕事（契約）であれば、リージョンも日本国内にしておけば、いずれにしても適用される法的な制限は同じということになります。これは法律を考慮しなくてよいということでなく、クラウドサービスを利用しようとしまいとその影響があるはずだ、という意味です。ただし、実際には通信経路や母体企業など複雑な問題が絡むので、正確には法務部署などに相談してください。

2.4 サポートページと配布ファイル

本書ではいくつかの事例でCSVファイルを用いています。その多くは自作もしくは収集可能なものとしていますが、その操作を習得する必要がない方はサポートページからダウンロードすることも可能です。

▶ 本書のサポートページ（図2-13）
`https://www.amano-labo.jp/book/amls/`

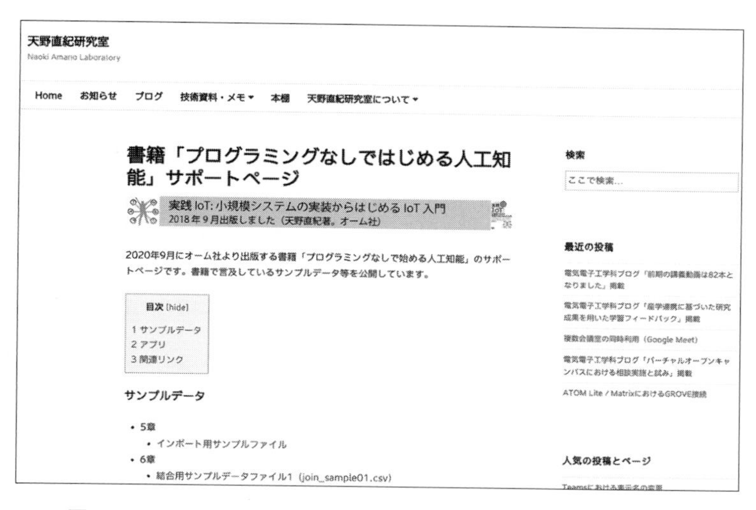

図 2-13　本書のサポートページ（外観は変更することがあります）

本章ではAzure Machine Learning Studio (classic) を導入するための初期手順を示しました。クラウドサービスをはじめて導入するような場合、この部分が最初のハードルになりがちです。画面遷移は今後のバージョンアップ等で変化する可能性がありますが、基本的な考え方や用語が大きく変わることは考えにくいので、ここでの説明をもとに確認できるものと考えています。

Tea Break

パスワードマネージャー

皆さんはパスワードをどのように管理していますか？　パスワードが漏れてしまうと甚大な被害をこうむる危険性があることはご承知のことと思います。

Azure Machine Learning Studio（classic）もクラウドサービスですので、パスワード管理はとても重要です。パスワード管理にはさまざまな知見がありますが、最近の基本的な考え方はおおよそ以下のような感じでしょう（ここでは多要素認証や生体認証といったものは考えていません）。

- パスワードはランダムで十分に長い文字列（記号等を含む）がよい
- 異なるサイト・サービスでは異なるパスワードとする（全部違うものにする）

ところで、皆さんがパスワードを付ける対象はどれくらいあるでしょうか？　ここでは確実にAzure Machine Learning Studio（classic）用に1つはあるわけです。それ以外にも（おそらくは複数の）メールアカウント、サービスのアカウントなどがあると思います。仮に10個としましょう。これはかなり少なめなほうでしょう。

「十分に長い」というのが何文字かという議論もありますが、仮に12文字としましょう。8文字以下でよいという論調は最近ではほとんど見かけません。

ごく一部と思われるとても記憶力の良い方を除いて、ランダムな10個の12文字以上の文字列を覚えていられるでしょうか？　筆者には無理です。

そこで何らかの記録をすることになるわけですが、これには3通りの考え方があります。

- 紙媒体などのアナログな手段とする
- デジタルでオフライン
- デジタルでオンライン

メモ帳などの紙媒体にパスワードをメモする方法は、古くから存在します。この方法のメリットはいくつかあります。主なところはわかりやすい、インターネットを経由して漏れることがない、といったところでしょうか。デメリットは使い勝手がよくない（逐次、メモを見ながらタイピングしなければならない）ことと、そのために入力中にのぞき見されるといったリスクが発生することです。

デジタルでオフラインは利便性がよくなりますが、クラウドサービスの利用を考えると、ほかの場所での利用という場面で不便なところがあります。

デジタルでオンラインは、例えばGoogleスプレッドシートにまとめるといった手段があります。これは利便性がとても高いですが、セキュリティという意味ではかなり心配です。

これらを解決する1つの策として、パスワードマネージャーがあります。最近のパスワードマネージャーの多くは暗号化＋クラウドによって上記に対する1つの解としています。万全ということはありませんが、利便性と安全性の1つのバランスが得られた状態と考えられるでしょう。

ちなみに、多くのパスワードマネージャーではパスワードが必要です。ですから、1つはパスワードを覚えなければなりません。

Chapter 3

データ形式の理解と準備

この章は本書の書名の「プログラミングなしで」の部分に惹かれた読者向けに、最低限のコンピューターの基本的な知識として、分析対象となるデータがコンピューター内でどのように解釈され、扱われるかを説明していきます。すでに十分な知識のある方は、この章は読み飛ばしてください。

3.1 データの種類と形式の違い

スマートフォンやタブレットではあまり意識しないことの1つに、ファイルの種別があります。これらはアプリとデータ（ファイル）とが密接に関連付けられており、アプリを選ぶ、というインターフェースをとっているためです。

例えばフォトアプリは**図 3-1** のようにスマートフォン上にある画像ファイルを一覧表示してくれます。しかし、そのファイルの実体は別のフォルダーにあることも多々あります。例えばカメラアプリで撮影した画像とスクリーンショットは、実際には別のフォルダーにあっても、アプリ上では並列的に表示されることが多いようです。

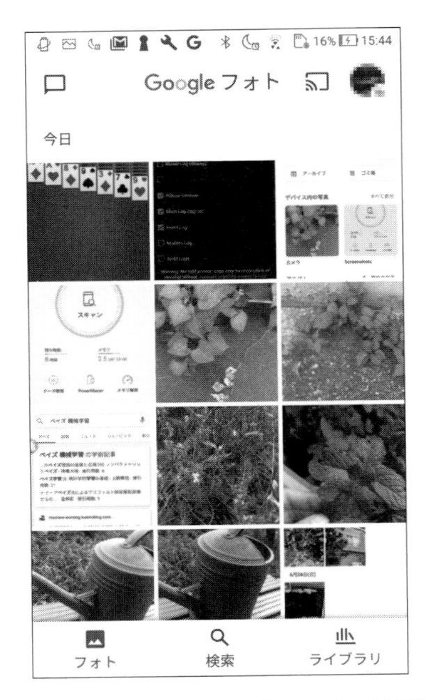

図 3-1　Android 版 Google フォトの画面例

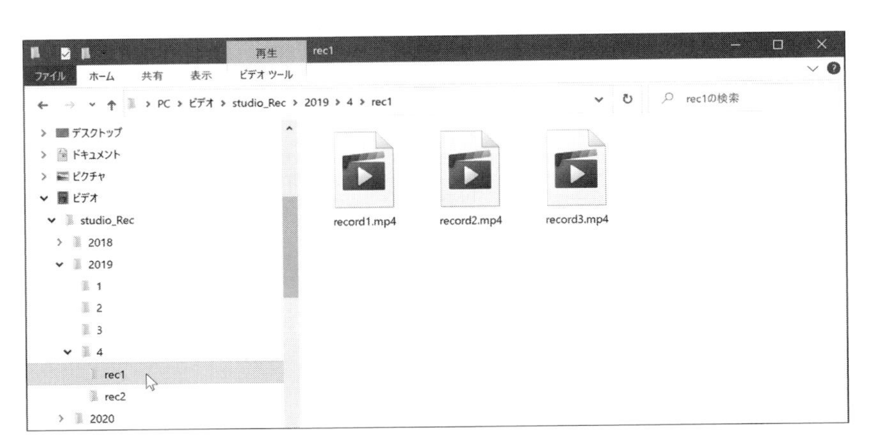

図 3-2　Windows 用エクスプローラーの画面例

一方、PC 上ではファイルを基軸にすることが多く、拡張子という形でファイル形式になじみのある方も多いと思います。代表的なファイル形式と拡張子を**表 3-1** に示します。

表 3-1　代表的なファイル形式と拡張子

ファイル種別	拡張子
Word 文書	docx、doc
Excel 文書	xlsx、xls
PowerPoint 文書	pptx、ppt
PDF	pdf
画像ファイル	jpg、png、gif
音声ファイル	wav、mp3

例えばWordで作成した文書ファイルは通常、拡張子が「docx」です（古いWordやその互換形式ならば「doc」です）。

ところがエクスプローラーは初期状態では拡張子を表示しないようになっています。これを表示するようにするには、エクスプローラーの表示タブにある「ファイル名拡張子」をチェックする必要があります（**図 3-3**）。

図 3-3　エクスプローラーにおける拡張子表示設定

エクスプローラーが拡張子を表示しないようになったことにはいくつかの理由があると思います。スマートフォンのアプリでは拡張子を表示しないことから、Windowsだけ難しいように、あるいは格好悪く見えてしまうことがその一因だと思われます。また、スマートフォンがそうであるように、ファイルの種別を利用者が意識することなく、アプリに関連付けられるという考え方が主流になっているからでもあると思われます。

とはいえ、AIを用いてデータの分析を行っていく上では、拡張子が見えていて、どんなファイルかわかったほうが便利です。少なくとも本書を読んでいる間は表示しておきましょう。

3.2 テキストデータとバイナリーデータ

ファイル形式の最も基礎的な分類として、テキスト形式か、バイナリー形式か、という区分があります。一般的な説明を用いるなら、可読文字だけで構成されるのがテキスト形式、数値列として構成されるのがバイナリー形式です。可読文字というのはASCIIやUTF-8などと呼ばれる特定の文字コードで識別したときに、文字列として認識できるデータだけで構成されているという意味になります。文字コードについては次の節で説明します。

表 3-1 の例でいえば、画像や音声ファイルはバイナリー形式のものがほとんどです。文書ファイルではありますが、docx もバイナリー形式といえます。バイナリー形式はテキスト形式以外のすべて、を意味すると考えてください。このテキストとバイナリーの区別を付けることは難しいことのように思えます。厳密にいえばすべてバイナリー形式であって、その中の特定のフォーマットにあるものがテキスト形式です。

テキスト形式の表示・編集に適したソフトウェアのことを（テキスト）エディターと呼ぶことがあります。テキストエディターでテキストファイルを開ければ、可読文字で構成されていることを確認できます（**図 3-4**）。例えば Windows のメモ帳であえてバイナリー形式のファイルを開くと、**図 3-5** のようにわけのわからない表示となります。

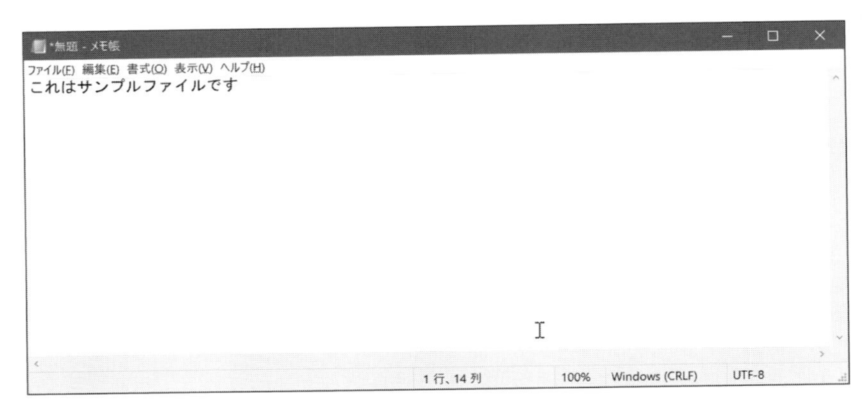

図 3-4　テキストファイルの表示

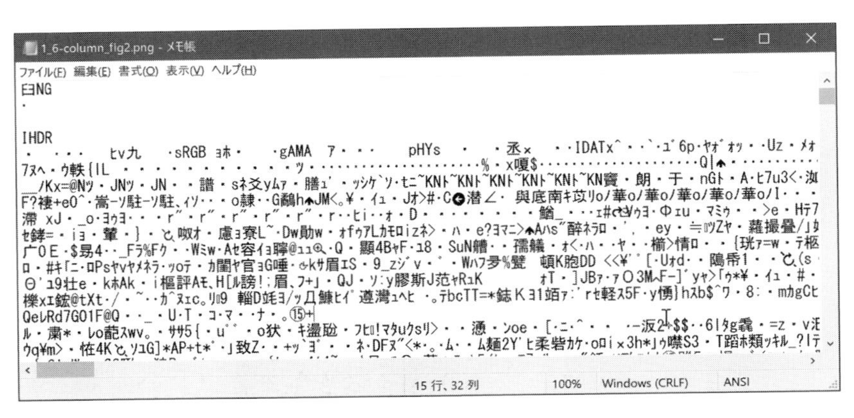

図 3-5　バイナリーファイルの表示

3.3 テキストデータと文字・改行コード

コンピューター上で文字情報を扱うためのデータの表現を、文字コードと呼びます。主にアルファベット、数字と記号（おおよそキーボード上に刻印されているそれら）からなる文字群を表す文字コードをASCIIと呼び、例えば大文字のAは0x41、小文字のaは0x61で表されます。0xで始まる数値は16進数表記であることを示しています。文字コードはほとんどの場合16進数表記されていますので、本書でもそれにならっています。1バイトが1文字に対応していると考えれば問題ありません。

しかし、日本語などの言語では、1バイト1文字では表現できる文字数が少なすぎることは明らかです。このため、コンピューターの黎明期には各国の言語ごと（さらに言語内でも複数あることも）に文字コードは拡張・定義されました。

例えば、日本語を表現する代表的な文字コードには以下のようなものがあります。

- JIS
- Shift JIS
- EUC-JP

これらはそれぞれ異なった形式ですが、いずれも基本的には2バイトで1文字を表すようにして、表現できる文字数を大幅に拡大しています。

しかし各言語（さらに企業ごと）に固有の文字コードが定義されていると、共通性が欠落し、国際的には困ったことになります。同じコードが別の言語では違う文字に用いられることも起こります。インターネットの普及もあり、共通化は不可欠な要因です。このため、UTFという文字コードが定義されました。

Azure Machine Learning Studio（classic）にアップロードする分析対象のファイルデータの文字コードは、UTF-8にしておくと日本語でも文字化けしないようです。Excelの場合、**図3-6**のようにファイル形式を「CSV UTF-8（コンマ区切り）」を指定すればUTF-8形式で書き出すことができます。

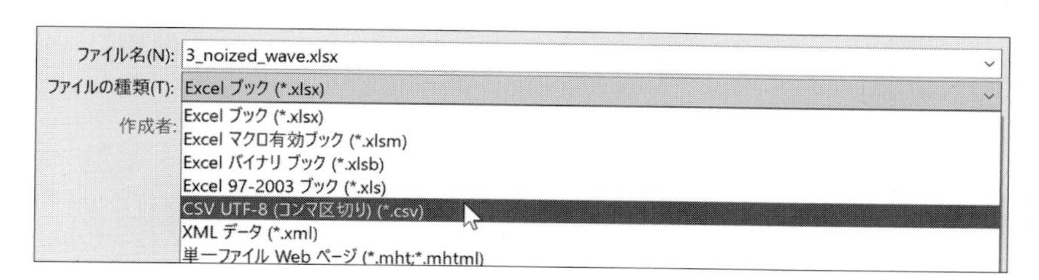

図3-6　ExcelでUTF-8で保存する方法

なお、文字コードと密接な関連がある事柄に、改行コードがあります。字句のとおり、改行を表す文字コードは何か、ということです。一般的には以下の3通りがあり、コンピューターによって異なります。

- CR（\r）：昔のMac OS（9まで）
- LF（\n）：macOSやUnix系OS
- CR+LF：主にWindows

これを理解するためには、制御コードの説明が必要です。ここまでの説明では文字コードは基本的に文字を表すものでしたが、実際には文字を表さない文字コードがあります。これが制御コードです。

制御コードの代表的なものには、タブやバックスペース（後退）などがあります。タブはASCII文字コードでは0x09で、表記上は\tとされます。バックスペースは同様に0x08で、\bと表記されます。

改行は伝統的に「\r」「\n」「\r\n」で表されます。「\r」は左端に戻る、「\n」は新しい行を意味する制御コードですが、テキスト形式として考えると、いずれか、あるいはその両方で改行を意味するように使われています。

なお、日本語環境の多くで半角文字「¥」と表示される文字コードは、他の多くの言語環境では「\」と表示されます。これは「バックスラッシュ」と呼びます。ここでは同じものと認識して構いません。

3.4 画像データと種類

画像データはほとんどがバイナリー形式です。画像には大別してビットマップ形式とベクター形式とがあります。現在AIの世界でよく用いられる画像形式は、ビットマップ形式です。

ビットマップ形式は画像を長方形のマトリックスとして扱い、点ごとの色（濃度）情報を管理するものです。例えばRGB各8ビットのように、です。これに対し、ベクター形式では図形要素はベクター（ベクトル）で、図形種別とパラメーターで表されます。このため、通常、ベクター形式は図形の拡大縮小によって劣化しない形式と考えられます。一方で、例えばデジカメやスマホのカメラはマトリックス上の撮像素子によってサンプリングされていますので、もともとがビットマップ形式であるといえます。ビットマップ形式にはさらに可逆圧縮と不可逆圧縮の2通りの形式があります。

画像データは大きくなる傾向にあります。特にデジタルカメラは撮像素子の分解能が高まっており、いわゆる4Kでフルカラーであれば1枚の画像は縦横がおおよそ4,000 × 3,000画素あり、

RGB形式3バイトで合計36 MBとなります。これでは保存や通信の負担が大きいため、多くの画像形式ではこれを圧縮しています。

圧縮方式には可逆と不可逆があります。可逆圧縮は完全に元に戻すことができる圧縮方式です。例えば4Kの真っ青な画像があったとします。非圧縮では単純に計算すると、4,000 × 2,000 ×（3 × 8）＝約192 MBです。これを「すべて青（0, 0, 255）だ」という情報に置き換えれば、数バイトで表現できそうです（**図3-7**）。ものすごく小さくなりますね？　これほど極端ではないにしても、同じ色が続いている場合や色の変化が一定といった規則性があれば、このような考え方を使えば圧縮できます。

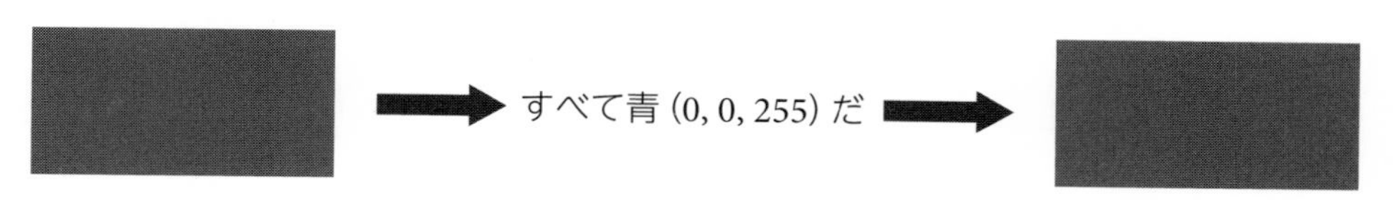

図3-7　単純な可逆圧縮の例

圧縮時に微細な変化を無視して圧縮する（完全には元に戻らない）方式が不可逆圧縮です。画像の場合、人間の目で見たときに気付きにくい微細な変化を情報として消してしまうことで、情報量を削減します（**図3-8**）。こうすると圧縮率は高くできることになります。

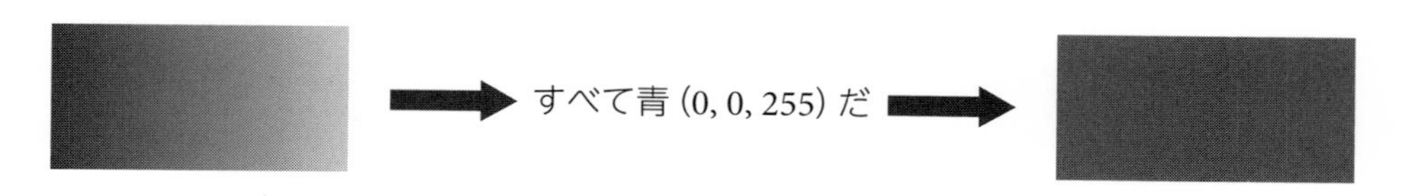

図3-8　不可逆圧縮の例

非圧縮の画像形式としてはBMP形式、可逆圧縮形式の例としてはGIFやBMP形式があります。厄介なことにBMP形式はさまざまな内部形式を定義しているので、このようなことが起こります。

不可逆圧縮形式の例としてはJPGやPNGがあります。現在主流の画像形式はこのJPGとPNGです。

3.5 時系列データとは？

AIで分析する対象データの典型例の1つに時系列データがあります。これは、例えば**図3-9**のように時間ごとの計測データと考えられます。

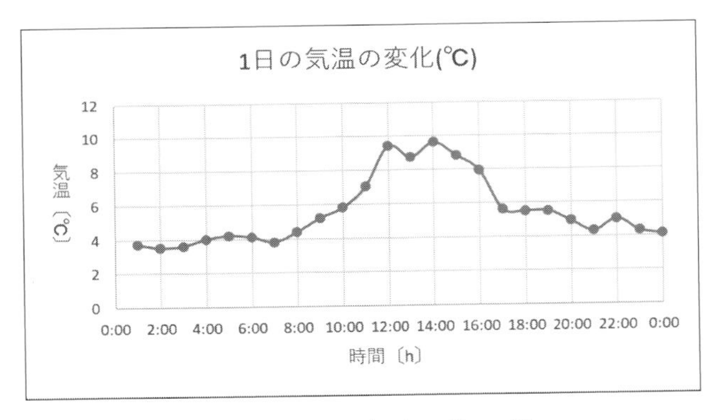

図 3-9　時系列データのグラフ例

例えば毎朝計測した体温や毎日の歩数は典型的な時系列データです。1 時間おきの気象データも、マイクで録音した 44.1 kHz の音声データも時系列データです。

時系列データの特徴は、時間軸に沿っているということです。このため、時間経過に伴う変化や他の事象との同期と比較が可能です。

3.6 音声データと種類

音声データは時系列データの典型例でしょう。音声データの基本は各計測時間における音圧データです。LR 両方あればステレオということになりますが、それぞれを捉えれば、典型的な時系列の 1 次元データとなります（**図 3-10**）。

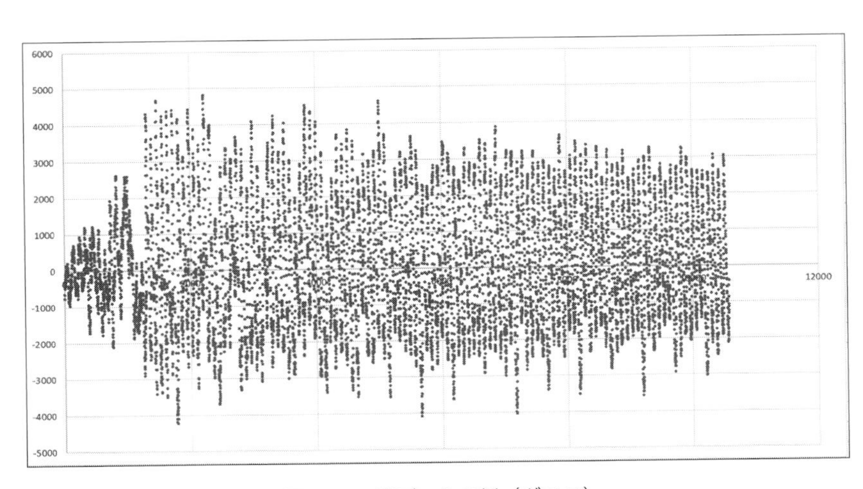

図 3-10　音データの例（グラフ）

インターネット上で一般的によく用いられている視聴用の音声データは、MP3 などの不可逆圧縮形式のものです。これに対し、最も単純で圧縮もされていないものの例として、WAV 形式があります。WAV 形式ではヘッダー部分を除ければ、単純に音圧データがバイナリーで列挙されているだけです。圧縮もされていないので、とてもわかりやすいといえるでしょう。

一般的な音データの特性として、サンプリングレートと量子化ビット数があります。これらはいずれもデジタル化の細かさを表す数値です。

● **サンプリングレート**

時間方向にどこまで細かくしているのかを表しています。CD の標準的なサンプリングレートは 44.1 kHz です。これは 1 秒間に 4 万 4 千百回音圧を計測しているという意味です。

● **量子化ビット数**

音圧を何ビットで A/D（アナログ / デジタル）変換しているかを表しています。2 のべき乗の乗数を表していますので、8 ビットならば音圧を 2 の 8 乗 = 256 段階で音圧を録音しているという意味になります。

不可逆圧縮データの場合、展開しても計測値そのものが完全に再現できるわけではありません。視聴用データは人の聞こえない部分を主にカットすることで、高い圧縮率を実現しています。このため、計測データを扱う目的にはほとんどの場合不適切です。

可逆圧縮の音データ形式にはあまり標準といえるものがないので、分析用のデータとしては WAV 形式のファイルを ZIP などの形式でファイル圧縮するのが、最も単純かつアクセシビリティを高める方法です。

3.7 データの作成

分析の対象データは計測するか、計測データを入手するのが一般的ですが、自分で生成することも可能です。特に AI における試行や学習においては、まずは生成したデータによるシミュレーションで確認というのはとても有効でしょう。そもそも手順として、そのようなデータで答えを算出可能かどうか、という動作確認も重要です。

データ生成にもさまざまな手法が考えられます。物理モデルを用いたシミュレーションのように、限りなく実際に近いデータも考えられます。

また、多くの場合にはいわば「きれいな」データでは不十分と考えられます。実際に得られるデータの多くにはノイズ（雑音）が含まれています。一般的に雑音は正規分布していると考えることが多いので、データを生成する場合にも、正規分布する乱数を用いて付加することが多いのではないでしょうか。

一般的なソフトウェアやツールに用意される乱数は、一様分布乱数であるのが普通です。例えばExcel上の関数「RAND()」は一様分布乱数です。これに対し「NORMINV()」は正規分布する乱数の生成に利用できます。プログラミング言語やツールによってさまざまなので、この点はよく注意しないといけません。

3.7.1 演習：Excel上でのデータ生成

ここでは、とても手軽な手順を想定します。具体的な正弦波をベースとしたデータ生成を試みます。異常検知を目的に、単純な異常値を含むデータを生成する手順として考えてみましょう。

機械の動作などを模すことにして、誤差も異常もない、正常な状態の動作や電圧を正弦波だとします。

まずA列に時刻（サンプリング）に相当する数値を並べます。ここを実時間にする方法もありますが、ここでは単純に整数（0, 1, 2, …）とします。A2に「0」、A3に「1」、A4に「2」と入力し、A1～A3を選択して、A3セルの右下をドラッグすれば簡単にできます。仮に200点（199まで）としましょう。このまま単純にSIN関数で値を求めてみましょう。B2セルに「=SIN(A2)」と入力し、オートフィル（B2セルの右下をダブルクリック）すれば展開されます。この値をグラフにするには、データを選択して、[挿入] タブ→ [おすすめグラフ] をクリック、表示された [グラフの挿入] ダイアログボックスで [すべてのグラフ] タブ→ [折れ線] → [マーカー付き折れ線] の右上→ [OK] をクリックします。結果は**図3-11**のようになります。

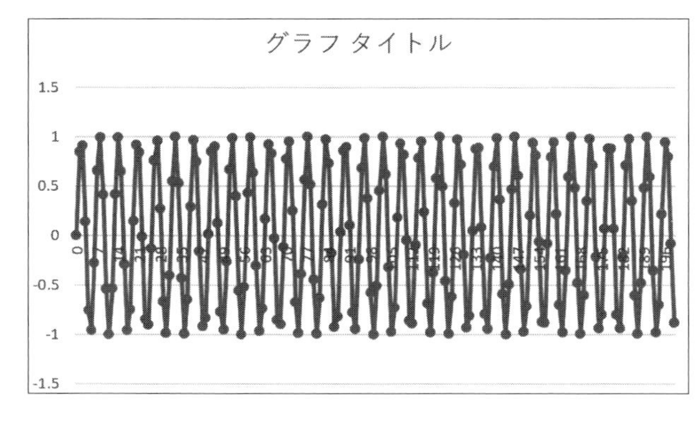

図3-11 正弦波によるデータ生成（1）

このままだと高周波すぎて波形としては見てとれません。もう少し低周波にするためには、数式を「=SIN(A2/10)」のようにします。B2セルを書き換えてまたオートフィルします（**図**

3-12）。

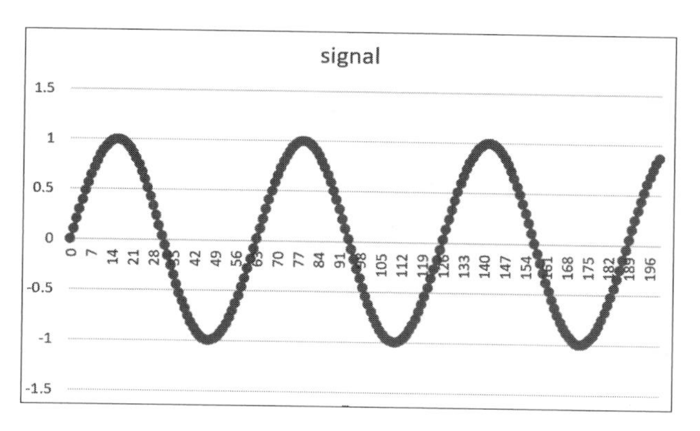

図 3-12　正弦波によるデータ生成（2）

これに乱数を用いたノイズを加えてみます。物理的なノイズは正規分布している乱数を使うのが一般的ですが、動作確認程度であれば、一様分布の乱数でもよいでしょう。

一様分布の乱数は「`RAND()`」関数で生成できます（**図 3-13**）。これによって生成されるのは 0 〜 1 の値なので、例えば ±0.2 にする場合には「`=(RAND()-0.5) * 0.4`」のようにします。0.5 減算することで ±0.5 の乱数となりますので、後は倍率を掛けるだけです。

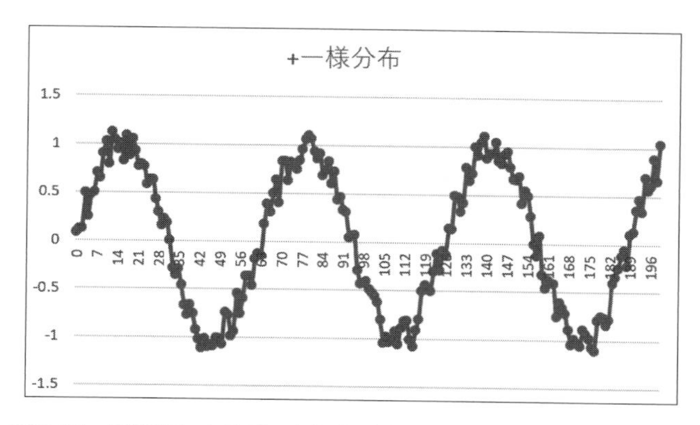

図 3-13　正弦波によるデータ生成（3）：一様分布によるノイズ加算

正規分布の乱数は「`NORMINV()`」関数で生成できます（**図 3-14**）。例えば「`=NORMINV(RAND(), 0,0.2)`」のようにします。第 2 引数は平均値、第 3 引数は標準偏差を指定しています。

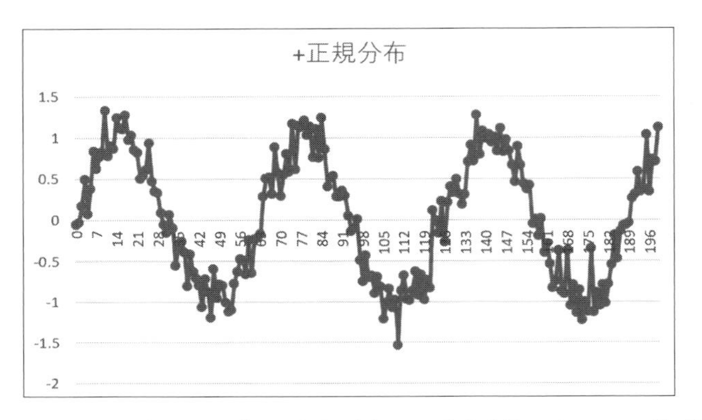

図 3-14 正弦波によるデータ生成（4）正規分布乱数によるノイズ加算

実際に計測するデータはノイズが乗った「汚い」データになります。乱数を用いたノイズを負荷することで、実際に計測されるデータを模すことができます。

さらに、一定の割合で発生する異常動作を加えてみましょう。ここでは仮に 5% の割合で +1 される異常動作があるとします。このような特性は「`=IF(RAND()>0.95,1,0)`」のようにして計算できます。これを信号に負荷すれば、異常動作らしいデータができあがります（**図 3-15**）。

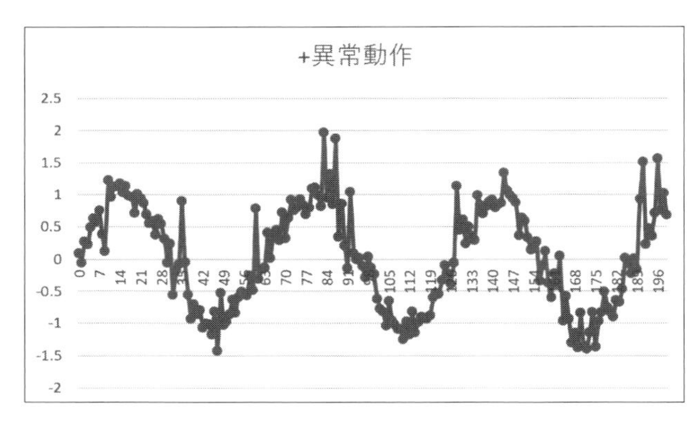

図 3-15 正弦波によるデータ生成（5）異常動作

3.8 データ収集と変換

3.8.1 データ収集や変換の必要性

機械学習には大量のデータが不可欠です。自身で計測したデータを用いることはもちろん、例えば官公庁が公開しているデータ、あるいは気象データを利用したい、といったことも多々あります。

データがCSVなどのファイル形式でダウンロードできるようになっていればとてもありがたいですね。最近では官公庁のページではCSVやExcelフォーマットでダウンロードできるようになっている例も増えてきたように思います。とはいえ、そういった機能のない（Webページでの閲覧のみ）といったこともあります（**図3-16**）。

東松島 2015年（月ごとの値） 主な要素

月	降水量(mm) 合計	降水量 日最大	最大 1時間	最大 10分間	気温(℃) 平均 日平均	平均 日最高	平均 日最低	最高	最低	風向・風速(m/s) 平均風速	最大風速 風速	最大風速 風向	最大瞬間風速 風速	最大瞬間風速 風向	日照時間(h)	雪(cm) 降雪の合計	日降雪の最大	最深積雪
1	40.5	25.0	4.0	1.0	1.4	5.0	-2.1	10.2	-6.8	3.7)	12.0)	北西	21.8)	北西	///	///	///	///
2	22.0	9.0	2.0	0.5	2.0	6.0	-1.9	12.5	-6.0	3.1	13.9	西北西	21.0	北西	///	///	///	///
3	159.5	45.5	17.5	7.5	5.8	11.1	0.5	18.6	-3.1	3.1	15.2	北西	25.3	西北西	///	///	///	///
4	117.0	31.0	8.5	2.0	10.6	15.7	5.1	26.1	-1.7	2.7	11.6	西北西	18.6	西北西	///	///	///	///
5	55.0	23.0	10.0	2.5	16.6	22.1	11.7	28.8	5.8	2.5	11.4	北西	19.9	西北西	///	///	///	///
6	124.0	62.0	10.0	3.0	19.4	23.2	16.0	28.6	10.1	2.5	13.0	北西	18.7	西北西	///	///	///	///
7	62.5	22.5	9.0	3.5	23.9	28.3	20.8	33.3	16.8	1.8	6.8	南東	12.3	南東	///	///	///	///
8	108.5	24.0	13.0	5.0	23.7	27.8	20.7	35.6	16.5	1.8	6.2	北西	11.8	南東	///	///	///	///
9	175.5	31.5	11.0	3.0	19.9	24.7	15.9	31.9	9.9	1.9	9.5	北西	16.7	西北西	///	///	///	///
10	19.0	15.0	7.0	2.0	14.0	19.9	7.9	25.7	1.7	2.6	13.6	北西	22.0	北西	///	///	///	///
11	112.0	20.5	4.5	1.5	9.4	14.0	5.3	21.0	-1.6	2.2	13.2	北西	20.8	北西	///	///	///	///
12	57.0	41.5	8.0	2.5	4.5	8.9	0.4	14.1	-3.5	2.8	11.6	西北西	17.7	北西	///	///	///	///

図3-16 Webページからの手動でのデータ取得は大変

また手元にファイルとしてはあるけれども、その変換が難しい、といったこともあるでしょう。

3.8.2 RPAやWebスクレイピング

データ収集やフォーマット変換は、ときに同じような処理の単純な繰り返しとなることがあります。例えば著作権等の問題がなく利用可能であるとして、あるWebページに必要なデータが羅列されているとします。これが100ページにわたっていて、これをコピー&ペーストすれば目的のデータが得られる、ということがあるとします。

手動の場合、操作自体は難しくはありませんが、手間はものすごくかかりますので、身体的には負担が大きいでしょう。また、こういった繰り返し操作はミスを引き起こしやすいことも明らかです。手間がかかってミスも多いのでは、実用的とはいえません。

このようなときには、Webスクレイピングと呼ばれる技術・ソフトウェアを用いるのが適しています。

フォーマット変換などの処理も同様です。例えば2001年から18年間のデータがそれぞれ年度や月ごとにExcelファイルになっているとします。これを1つのファイルにまとめるためには、

手動でコピー & ペーストするよりも、マクロや VBA（あるいは Google Apps Script など）で処理を書くことが考えられます。

プログラミングが得意・好きだという方であればよいのですが、そうでないと逐次、データ処理のためにプログラミングの学習まで必要になりそうです。それでは本書の方針に合致しません。

そこで本書では、RPA（Robotic Process Automation）サービスの 1 つである UiPath を紹介します。

Web スクレイピング機能を有する最近のソフトウェア種類に、RPA があります。RPA は OS に対するマクロのようなものです。キー操作やマウス操作、Web ブラウザーのアクセスなどを自動化できます。マクロはウィンドウ位置の違いなどで正常に動作しない恐れがありますが、RPA では AI 的な判断機能を有しているものも多く、ちょっとした違いは RPA 側で吸収します。

近年、RPA としてさまざまなソフトウェアが登場しています。Web 検索してみれば、さまざまな事例、例えば銀行や事務所などで RPA ○○を用いて劇的に効率化を実現、といった記事が多数見つかります。何か試したい場合には、先例が具体的にわかるものを選ぶとよいでしょう。

ここでは UiPath の Community Cloud の使用を例として説明を続けます。実際の利用時にはライセンス等をよく調査し、適切に利用してください。

RPA におけるプログラミング方法は、大別すると 2 通りのものが主流です。

- フローチャート的な簡易プログラミング言語
- ティーチング

前者は、Scratch のように非常に簡易で GUI 的なプログラミング言語を利用するスタイルです。UiPath にはさまざまな機能を有するブロックが用意されており、基本的にはブロックを配置してパラメーターを設定し、接続することでプログラミングできます（**図 3-17**）。

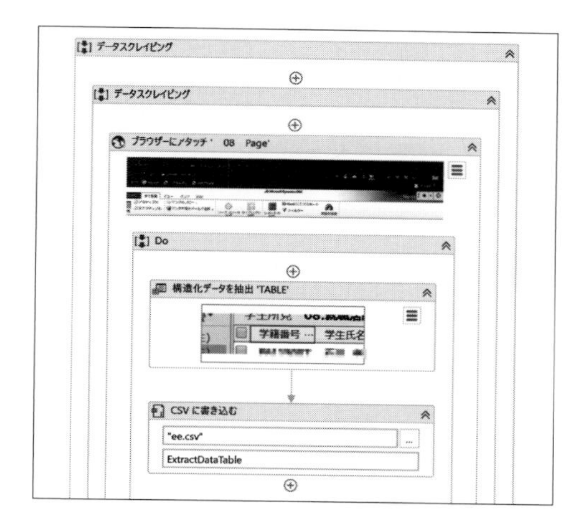

図 3-17　UiPath におけるプログラミング画面

後者は、ロボットアームにおけるティーチングと同じような考え方です。ロボットアームをプログラミングする方法の 1 つであるティーチングでは、例えば、ロボットアームの先端をつかんで所定の位置へ移動させる、といった操作の繰り返しでロボットアームの動きをプログラミングできます。ここにはいわゆるソースコードを作成するといったプロセスは含まれません。RPA にも同じような機能があることが多く、キーやマウスの操作を覚えさせることができます。

これらの機能を組み合わせて使うと、単純で単調な繰り返しの操作を簡単に自動化できます。実際には Web スクレイピングや Excel などの文書・データ操作などの機能も有しているため、できることはかなり広範囲です。また AI との組み合わせにより、複雑な処理・分岐も可能です。

RPA でも、簡単とはいえその使い方を覚える必要はあります。ただそれは比較的容易でかつ、ほかの作業にもそのまま応用できます。日常の業務でも広範囲に自動化できるので、覚えておいて損はないでしょう。

筆者は所属する大学におけるある業務において、人手であれば数時間費やしてもできそうにない処理（見落としやミスも発生しそうです）や繰り返しで面倒な処理を、数分～数時間の自動処理で完遂できるようにしてみました。こういった処理は、一度用意してしまえば何度でもやり直せるので、データが追加・修正されるたびに処理を実行すれば、常に最新の結果が得られます。

3.8.3 コマンドラインツールの活用

Unix 由来の各種のコマンドラインツールを用いると、簡単にデータ処理ができます。特に最近では Windows と Unix（Linux）との親和性が高まっているので、その利用のハードルは下がっています。例えば Microsoft Store から Ubuntu（Linux）を簡単に導入可能です。

本書は基本的にはデータ処理の多くをExcel上で行うことを想定していますが、Excelでは開けないほど大きなデータファイルを扱うこともあるでしょう（64ビット版のExcelを使えば、開けるデータ量は格段に増加します。ただし、ファイルを開くだけでも相当な時間がかかってしまう傾向があり、一般的なPCですと実用的でないかもしれません）。コマンドラインツールは基本的にはデータを1行ずつ読み込んでは処理するので、ファイルサイズが大きくても、処理時間が単純に比例増加するだけで、それほど多くのメモリーを必要とせずに済みます。

ここでは、Windows上でLinuxコマンドラインツールを使う方法として、古くからあるCygwin[8]を用いる方法とWindows Subsystem for Linux（WSL）を用いる方法を簡単に紹介します。少しプログラミングをしてもよいのであれば、コマンドラインツールであるAWKやPerlも強力なツールです。が、本書の趣旨には合わないので、ここでは単純にパターンどおり実行するだけで利用できるpaste、grep、sedを紹介します。実際に試したい場合はそれぞれをインストールしてから行ってください。

以下では2つのテキストファイル「filename1」「filename2」があるものとします。また、実行前にそのファイルのある場所へ「cd」（移動）していることとします。Cygwinの場合であれば、「`cd /cygdrive/c/Users/ユーザー名/Documents/`」のようにします。

複数のデータリソースからデータを取得した場合などで、これをくっつけたいと思うことがあります。両者が1行ずつ完全に対応しているとして、作業としては1行ずつ横に並べるだけですが、これを手作業で行うのは容易ではありません。Excelで両者を開いてコピー＆ペーストすることはできます。しかし、（PCのパフォーマンス次第ではありますが）データサイズが大きくなると困難なこともあります。コマンドラインツールの「paste」は、2つのファイルの中身を横に並べるときに利用できます。例えば

```
paste filename1 filename2
```

のように使います。

何かの条件に合致するデータのみを抽出したいことも多々あります。SQLというデータベース用のプログラミング言語を用いれば「`select * from ??? where value1=123;`」のようにするところです。これを手作業で行うのはまったく現実的ではありませんね。そこで、コマンドラインツール「grep」を用います。例えば

```
grep keyword filename1
（keywordの部分には探したい語句や正規表現を入れる）
```

のように使います。「`grep -i …`」とすることで大文字小文字を区別しないようにすることもで

きます。なお、Azure Machine Learning Studio（classic）には SQL ライクな処理を実現するブロック（6.4 節参照）がありますので、そこで実現する方法もあります。一般的に、データ量が大きいとアップロードに時間がかかり、Azure Machine Learning Studio（classic）上での処理自体も長くなるので、事前に処理して問題がないのであれば、手元でフィルタリングしたほうが全体的な処理時間を短縮できます。

さらにコマンドラインツール「sed」を使ってデータを置き換えることができます。データを計測するときにラベル名を間違えて入力してしまったり、処理をする上で区別したくないデータがあったりするような場合に適用できます。例えば

```
sed s/123/abc/g filename1
```

のようにします。この例では filename1 内の文字列「123」が「abc」に置き換えられます。

いずれのコマンドラインツールも実行結果は画面（標準出力）に表示されるので、ファイルへ保存する場合には

```
sed s/123/abc/g filename1 > filename3
```

のようにします。すると、「123」を「abc」に置き換えた内容がファイル filename3 に保存されます。この例では常に上書きされますので、保存先の指定にはよく注意してください。追記したい場合には

```
sed s/123/abc/g filename1 >> filename3
```

のようにします。

また、「|」を用いると処理を連結できます。例えば

```
grep keyword filename1 | sed s/123/abc/g >> filename3
```

のように連結できます。

このほか、grep や sed は条件式に正規表現を使用することができます。正規表現を用いれば、かなり複雑な条件を指定可能です。行の先頭で合致、行の末尾で合致、特定のパターンの繰り返し、などです。正規表現はそれ自体を取り上げた書籍も販売されているほど複雑かつ便利なので、興味があれば参照してみてください。

3.9 パワースペクトル

音楽を趣味にしている方は、イコライザーをご存じと思います。イコライザーを見ることで、音楽の音の高い・低い、その成分の分布を掴むことができます（**図 3-18**）。

図 3-18　イコライザー（copyright nikkytok@Adobe Stock）

このイコライザーで表示されているデータは、パワースペクトルです。信号データを周波数領域で処理する場合に用いる方法です。

よく「周波数領域」といういい方をしますが、これは信号データをそのまま時間領域で扱うのではなく、パワースペクトルを求めて、そのパワースペクトルを処理対象とするという意味です。パワースペクトルは、簡潔にいい換えれば、どの周波数成分がどれくらい含まれているかというデータです。

パワースペクトルはフーリエ変換（Fourier Transform）によって求められます。フーリエ変換についての詳細は専門書、例えば巻末の文献 [9] に委ねることにします。この書籍はフーリエ変換を理解するために必要な数学を網羅的に説明している有名な良書です。筆者も学生の時分にこの本を読んだ記憶があります。

3.9.1 演習：Excel におけるフーリエ変換の実施

Azure Machine Learning Studio（classic）上では手間がかかる（R または Python でのプログラミングになってしまい、本書の趣旨に合致しない）ので、Excel を用いてフーリエ変換してパワースペクトルを求めてみます。

元となる信号は3つの正弦波の合成とします。この信号データをExcelで生成するには、以下のような手順を実行します。

① A列にIndexを生成（0, 1, 2, …, 1023）し、合計1,024行とする

- 1行目はラベルとし、個数に含めない

② B列に「`=SIN(A2/5*PI())/5+SIN(A2/20*PI())/3+SIN(A2/500*PI())`」のように3つの合成値の計算式を記載する

③ グラフにして確認する

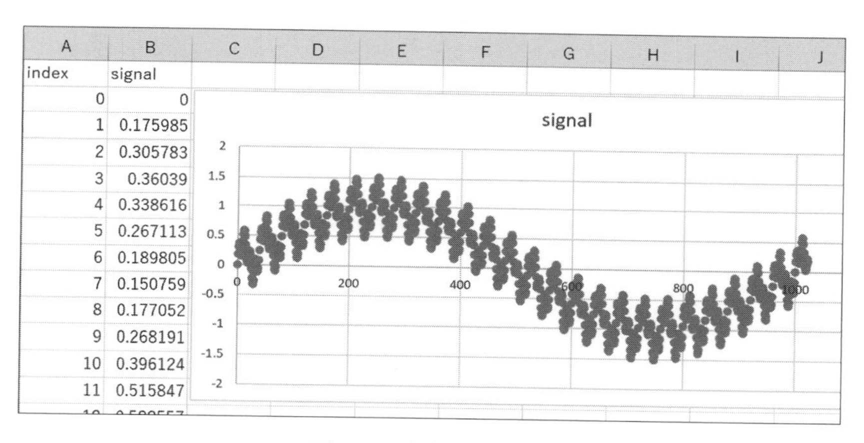

図 3-19　合成波形の確認

これをフーリエ変換します。その前にExcelの設定を確認しましょう。「データ」タブに「データ分析」が表示されていない場合には、以下の手順でこれを表示するように変更します。

①「ファイル」→「オプション」→「アドイン」と選ぶ

② 下のほうの「管理」で「Excelアドイン」として「設定」

③「分析ツール」のチェックを入れて「OK」

フーリエ変換の実行は、上記で有効化した「分析ツール」で行います。ここで「フーリエ解析」を選択します。フーリエ解析の設定画面では**図 3-20**のように設定します。

フーリエ解析

入力元

入力範囲(I):　$B$2:$B$1025

☐ 先頭行をラベルとして使用(L)

出力オプション

◉ 出力先(O):　$C$2

○ 新規ワークシート(P):

○ 新規ブック(W)

☐ 逆変換(N)

OK

キャンセル

ヘルプ(H)

図 3-20　フーリエ変換の設定

これで算出される値は「実部＋虚部」なので、ここでは`IMABS()`関数を使って絶対値を求めます。例えばD2セルは「`=IMABS(C2)`」のようになります。求めたD列のパワースペクトルをグラフにしてみます（**図 3-21**）。

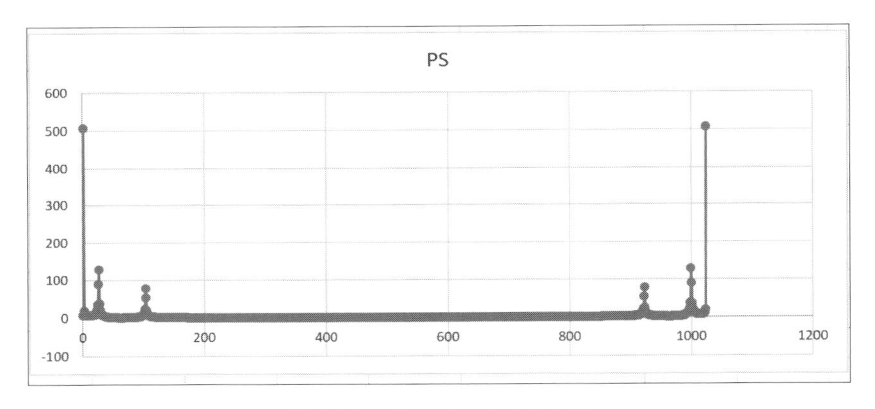

図 3-21　パワースペクトルの例

3カ所にピークが見られます。これが3つの元の波形を表しています。3つの周波数を変更すると、上のピークの位置が変わりますので、パワースペクトルの意味が理解できるでしょう。ただし、計算誤差の影響でピーク以外の部分もすべてきれいに0とはなっていません。

各周波数の振幅や周波数を変更して同様にグラフ化してみると、パワースペクトルにどのようにそれが反映されるのか、よくわかるはずです。

3.10 データ準備の演習

データ準備は機械学習では必須の部分です。しかし、ここで挫折してしまうケースも多いのではないでしょうか？　それ以前に日常の業務でも大変手間がかかっていて、できるはずなのにできていないことがあるかもしれません。例えば集計に数時間もかかる処理があるとすると、これを毎日行うことはできないでしょう。

その一部は3.8.2、3.8.3項で説明した手法で解決します。ここでは多くの方が使い慣れているスプレッドシートソフトウェア（ここではExcelとしますが、Googleスプレッドシートなどでも基本的に同じです）を使うことを考えてみます。

多くの場合、データはCSVやExcel（xlsx）などの形式で手元にあるでしょう。ここではデータ集計という視点で見てみます。

Excelにはさまざまな有益な機能がありますが、特に強力な2つを紹介します。いずれの機能も、知っておくと、その利用を前提としたデータ活用が可能になります。

3.10.1 演習：VLOOKUP

筆者は大学教員なので、学生名簿と試験結果のデータがそれぞれ手元にある、といったことが日常的にあります。皆さんの業務でも、名簿と取引データ、機材リストと検品結果など、複数のファイルに分かれていて、関連付けたいデータが多々あるのではないでしょうか。

ここで紹介するVLOOKUPを使わないとすると、例えば両者をそれぞれ並べ替えて横に並べ、合致しないところを空白を入れて縦にずらしながら調整する、といった手作業で処理しているかもしれません。1対1でなければ、この方法すら適用できません。

`VLOOKUP()`は、別の表を辞書のようにして使うための関数です。ここでは配布サンプルファイル「excel_vlookup_test.xlsx」で試してみましょう。

	A	B	C	D	E	F	G	H	I	J
1	商品ID	品名	単価		取引ID	商品ID	単価	数量	金額	
2	1	ペン（赤）	120		1	1		2		
3	2	ペン（黒）	120		2	9		3		
4	4	鉛筆（2B）	50		3	9		1		
5	5	鉛筆（HB）	50		4	5		6		
6	9	消しゴム	200		5	1		4		
7					6	2		1		
8					7	1		2		
9										
10										

図3-22　単価を左の表で調べて埋めたい

図 3-22 のように 2 つの表があるとします。今、2 つ目の表の「単価」という列の値を求めるとします。この値は 1 つ目の「商品 ID」列と 2 つ目の表の「商品 ID」列から求めることができます。このとき、以下のように VLOOKUP 関数を使います。G2 セルは

```
=VLOOKUP(F2,A:C,3,FALSE)
```

とします。第 1 引数は検索するためのいわばキーワードのあるセル、第 2 引数は辞書にするテーブルの範囲、第 3 引数は抽出する値のある列の番号（指定した範囲の中で 1 列目、2 列目のように数える）です。第 4 引数は通常は FALSE で問題ありません（TRUE にすると、完全一致がない場合に適当な近い値を代入してくれます）。これを列全体に展開すると、**図 3-23** のようになります。

	A	B	C	D	E	F	G	H	I	J
1	商品ID	品名	単価		取引ID	商品ID	単価	数量	金額	
2	1	ペン（赤）	120		1	1	120	2		
3	2	ペン（黒）	120		2	9	200	3		
4	4	鉛筆（2B）	50		3	9	200	1		
5	5	鉛筆（HB）	50		4	5	50	6		
6	9	消しゴム	200		5	1	120	4		
7					6	2	120	1		
8					7	1	120	2		
9										

図 3-23　VLOOKUP を用いて自動的に単価を記入

このように VLOOKUP はとても強力な関数です。機械学習に限らず、さまざまな局面で活用できるので、ぜひ覚えておきましょう。似たような関数に「HLOOKUP()」「LOOKUP()」「XLOOKUP()」があります。

3.10.2 演習：ピボットテーブル

もう 1 つ紹介したい機能は、ピボットテーブルです。これも集計機能の 1 つです。データの集計は、典型的なデータ処理といえます。もちろん、Excel の機能を使って集計することもできますが、ピボットテーブルならばそういった集計のための作業自体を省くことができます。

例えば、売り上げデータを製品やカテゴリーごとに集計する、成績データを集計して分布を確認する、といったことがわずか数クリックで完了します。

ここでは試しに、先ほどの「excel_vlookup_test.xlsx」データを集計してみましょう。

対象データを選択し、「挿入」→「ピボットテーブル」を実行します（**図 3-24**、**図 3-25**）。

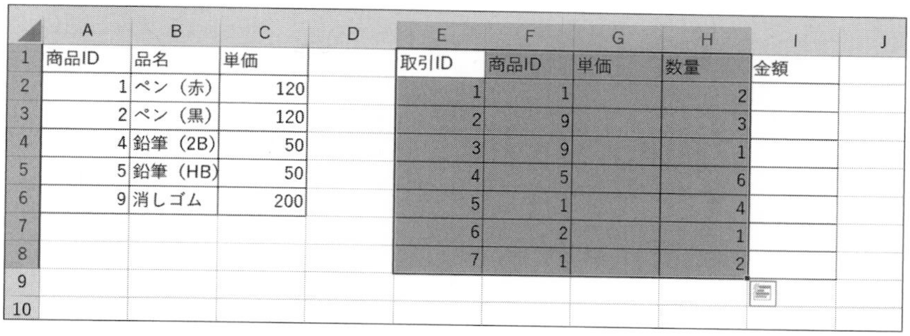

	A	B	C	D	E	F	G	H	I	J
1	商品ID	品名	単価		取引ID	商品ID	単価	数量	金額	
2	1	ペン（赤）	120		1	1		2		
3	2	ペン（黒）	120		2	9		3		
4	4	鉛筆（2B）	50		3	9		1		
5	5	鉛筆（HB）	50		4	5		6		
6	9	消しゴム	200		5	1		4		
7					6	2		1		
8					7	1		2		
9										
10										

図 3-24　ピボットテーブルの利用（1）

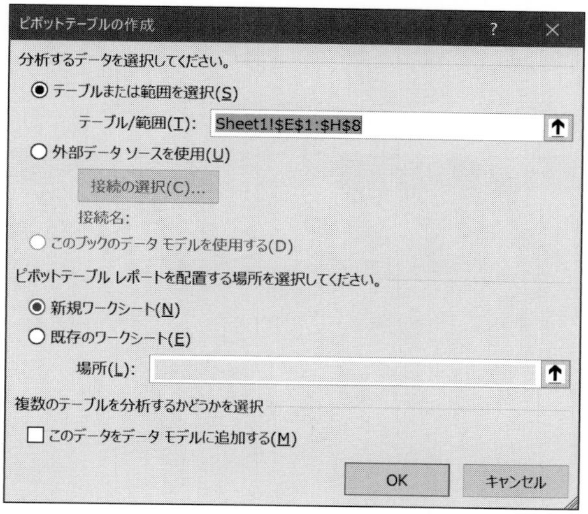

ピボットテーブルの作成
分析するデータを選択してください。
テーブルまたは範囲を選択(S)
テーブル/範囲(T): Sheet1!$E$1:$H$8
外部データ ソースを使用(U)
接続の選択(C)...
接続名:
このブックのデータ モデルを使用する(D)
ピボットテーブル レポートを配置する場所を選択してください。
新規ワークシート(N)
既存のワークシート(E)
場所(L):
複数のテーブルを分析するかどうかを選択
このデータをデータ モデルに追加する(M)
OK　キャンセル

図 3-25　ピボットテーブルの利用（2）

ここではそのまま「OK」をクリックします。すると新規シートが用意され、空のピボットテーブルが用意されます。この例では「商品 ID」を縦軸に、「数量」を横軸に集計してみます。画面右側から「商品 ID」をドラッグして「行」へ、「数量」を「値」へドラッグします（**図 3-26**、**図 3-27**）。

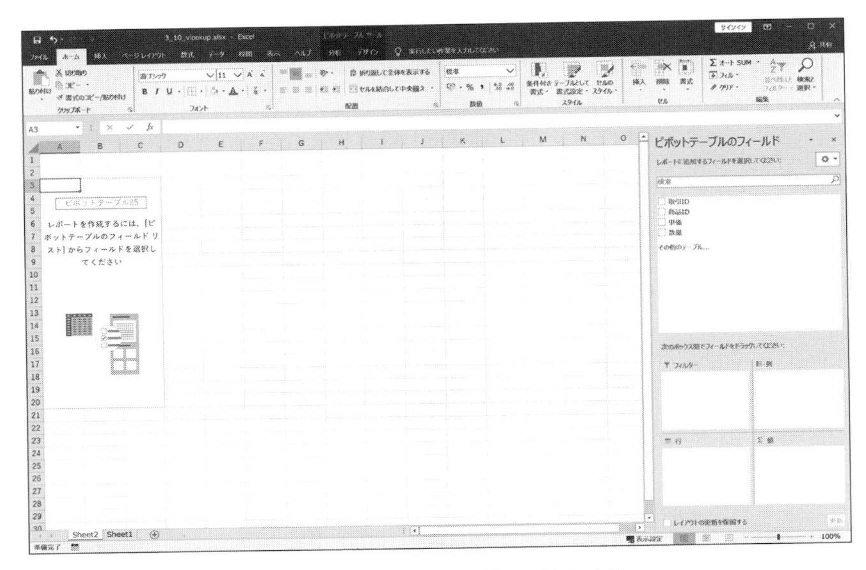

図 3-26　ピボットテーブルの利用（3）

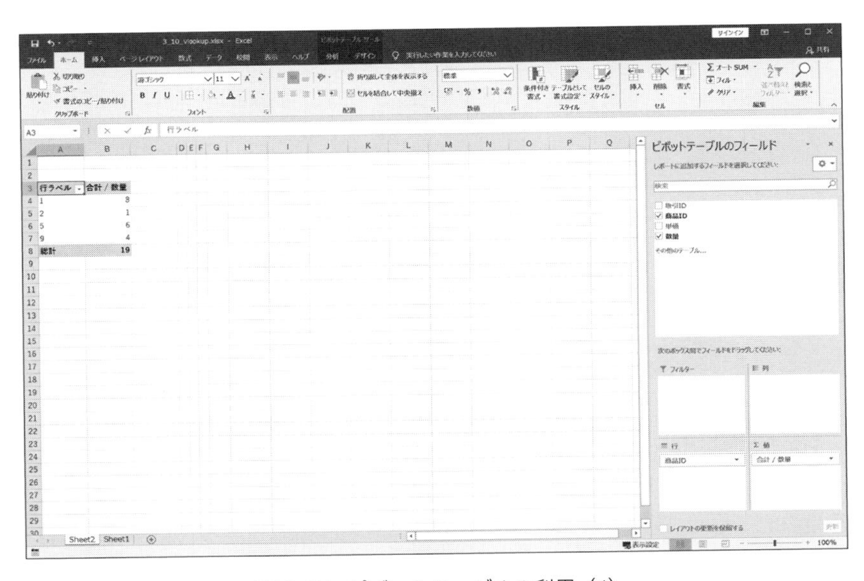

図 3-27　ピボットテーブルの利用（4）

集計値の求め方は Excel 側で自動的に決めていますが、「値フィールドの設定」をクリックし、自分で選択することも可能です（**図 3-28**）。合計、個数などさまざまな集計を選べます。

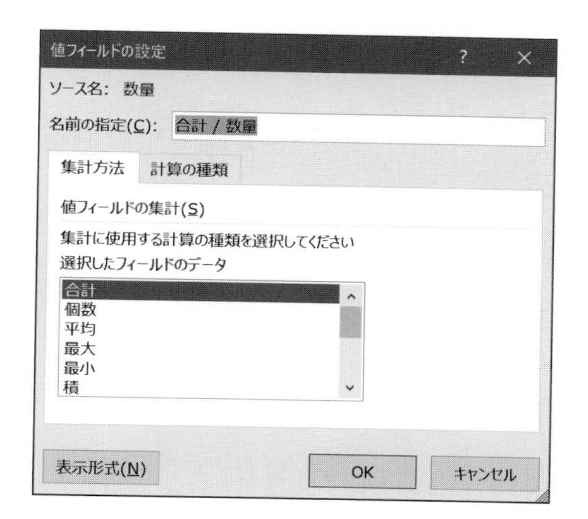

図 3-28　ピボットテーブルの設定

3.11 多様な日付の書式とその変換

日本国内における日付の書式は、代表的なところでは以下のようなものがあります。

- 2019 年 7 月 23 日
- 令和元年 7 月 23 日
- 2019/7/23
- 2019/07/23

人間であれば、どの書式を見ても日付として正しく理解できると思いますが、これをコンピューターに処理させるのはなかなか面倒です。また、海外ではさらに違いがあります。米国では

- January 23, 2019
- 1/23/2019

のようにするのが一般的ですし、イギリスでは

- 23 January 2019
- 23/1/2019

のようになります。さらに「/」の部分を「-」にする形式も見かけます。区切りの記号をなくし

て「20190723」のように書くことさえもあるでしょう。

これらを変換するのは大変手間がかかります。文字列処理として考えればそれぞれのプログラミングはそれほど難しくはないとはいえ、パターンが多数あるので、それらを網羅するのはとても大変です。

Azure Machine Learning Studio（classic）は日付の書式がわりと厳格で、融通してくれません。あまり融通が利くのも怖いのでそれでよいとはいえ、先に変換しておかないと使えないということでもあります。

筆者の推奨は、Excel に変換を任せる方法です。Excel は日付とおぼしき文字列をかなり自動的に認識してくれます。表示形式を事細かに指定することもできるので、これを利用すれば日付の書式変換が実現できます。

3.12 オープンデータの世界

近年、「オープンデータ」という言葉がよく聞かれるようになりました。その定義は多々あるようですが、字義どおり、社会に対して公開されていて、自由にアクセス・利用できるデータという理解が共通ではないでしょうか。

似たような言葉に「オープンソースソフトウェア（OSS）」があります。OSS はよくフリーウェアとの関連で混乱を招きやすいのですが、フリーウェアが無償利用できるといった意味なのに対し、OSS はあるプログラムのソースコードが誰でもアクセスできる、という意味になります。つまりフリーと OSS の間には定義上は関係がまったくありません。

OSS には、ソースコードが明らかであることで、内部処理を確認・検証できるという側面があります。これにより、例えばスパイ的な機能がないことや処理・アルゴリズムの妥当性や性能・信頼性を評価できます。間違いを見つけられる、といったこともあるでしょう。

オープンデータも同じように理解できる側面があります。データがクローズではそれを用いた成果を正しく検証できません。また、多くの人がアクセス可能なことで、多様な活用という社会的なメリットも期待できます。

日本国内では、官民データ活用推進基本法により国や地方公共団体がオープンデータに取り組むことが義務付けられています（平成 28 年 12 月公布。[10] [11]）。[11] ではさまざまなオープンデータが検索可能になっています（**図 3-29**）。機械学習を試行する上でこういったオープンデータを用いてみると、楽しいのではないでしょうか。

図 3-29　政府 CIO ポータルサイト

オープンデータを用いたコンテストも開催されています。コンテストは開催時期が限定されていますので、書籍という性質上、ここでは具体的には列挙しませんが、「オープンデータ　コンテスト」と検索すると、多様なコンテストが見つかります。

3.13　自分で計測するデータ

機械学習の実用という面では、やはり自分・自社で計測したデータを対象とするのが本筋でしょう。このためには、必要なあるいは有効かもしれないデータを計測・収集することになります。

[2] で筆者はそのためのシステム全体について記述しています。よろしければご参照ください。端的に計測・収集するためのポイントを述べると、

- 適切なセンサーの選定
- センサーからデータを収集・近距離通信する IoT デバイスの設計
- IoT デバイスからの通信を受け、サーバーへ送信するゲートウェイ
- ゲートウェイを介してデータを受信・蓄積するサーバー

などが考慮のポイントとなります。

どのようなデータが有効であるか、先見的に理解できるケースは少ないかもしれません。かといって無意味にデータを蓄積しても、コストばかりかさんでしまいます。幸い、今は IT 関連

のコストは Azure や AWS などに代表されるように、ずいぶんと軽減されています。多くの場合には、ある程度の期間、無用かもしれないデータも計測してしまえばよいかもしれません。事前検討にコストをかけるよりも、早期に実施して評価すればよいという考え方です。こういった決断は末端では難しいので、ぜひ経営者の方にもご理解いただければと思います。

そして得られたデータから何か有益な結果が得られたら、そこからは限定的に注力します。最初から絞り込んでしまうと、時間を無駄にしてしまうリスクのほうが大きくなります。機器のコストはお金で解決できますが、失った時間はお金では解決できません。

本章ではデータの形式について理解し、それを Azure Machine Learning Studio（classic）へ持ち込むための準備方法を説明しました。多くの方が習得済みであろう Excel を用いることで、Azure Machine Learning Studio（classic）を用いるデータ準備を簡単にできることを示しました。

これらの処理を Azure Machine Learning Studio（classic）上で行うことも可能ですが、新規に覚えることはできるだけ少なく、機械学習に取り組めることが肝心であると考えます。

コンテスト

AI を駆使できる人材になるためには、腕前を競い評価できる場が必要です。AI の世界ではコンテストがよく行われています。

特に「Kaggle」[13] は有名です。Kaggle は世界的に有名な AI のコンテストサイトです。Kaggle ではさまざまなコンテストが行われています。コンテストの多くでは課題が提示され、トップランカーには賞金も提供されています。また Kaggle で上位にランクインできれば、それだけである種のステータスとなり得ます。筆者はそれほどの成績を得たことはありませんが、世界中から多くの研究者や技術者が参加しています。

国内でもさまざまなコンテストが実施されています。例えば「インフラデータチャレンジ」[14] ではビッグデータや ICT の活用を目指しています。その中では AI も重要な役割を担うと考えられます。

Chapter 4

Azure Machine Learning Studio（classic）における処理の全体構造

4.1 Azure Machine Learning Studio（classic）における処理の全体像

機械学習にはその構造的な分類がいくつかあります。その中で最も理解しやすいと思われる機械学習の手法の「教師あり学習」を前提にすると、トレーニングデータを用いた学習（トレーニング）によるモデル生成が、処理の中核となります。ここを起点に、その前と後に処理を分けて考えることができます（**図 4-1**）。

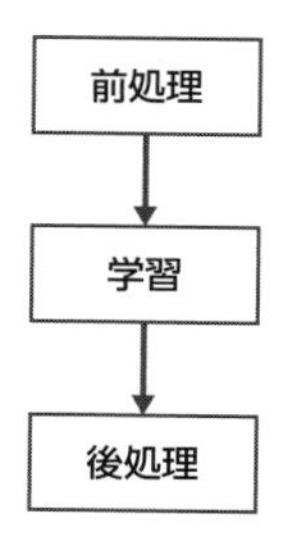

図 4-1　機械学習の全体構造

学習には学習用のデータ、すなわちトレーニングデータが必要です。つまり、前処理はこのトレーニングデータを用意することが目的となります（**図 4-2**）。

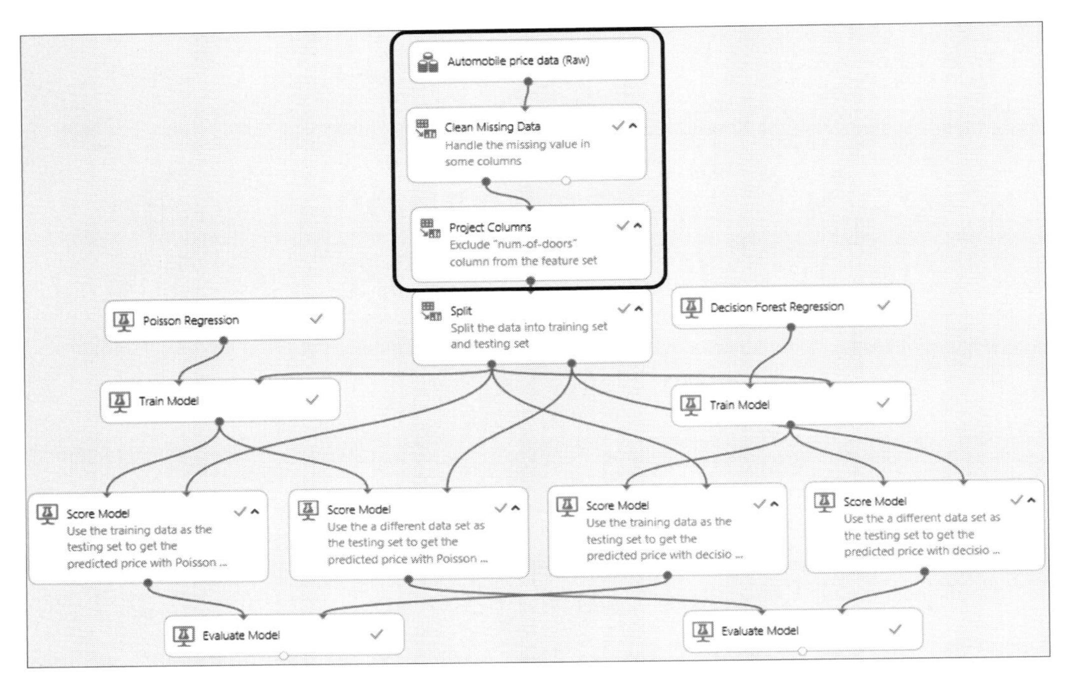

図 4-2 Azure Machine Learning Studio（classic）における前処理部分

データそのものを読み込むこと、読み込んだデータが分割されている場合には結合すること、データから不要な部分を取り除いて形式や値を調整すること、がその内容です。

一方、後処理は大別すると 2 つに分けられます（**図 4-3**）。

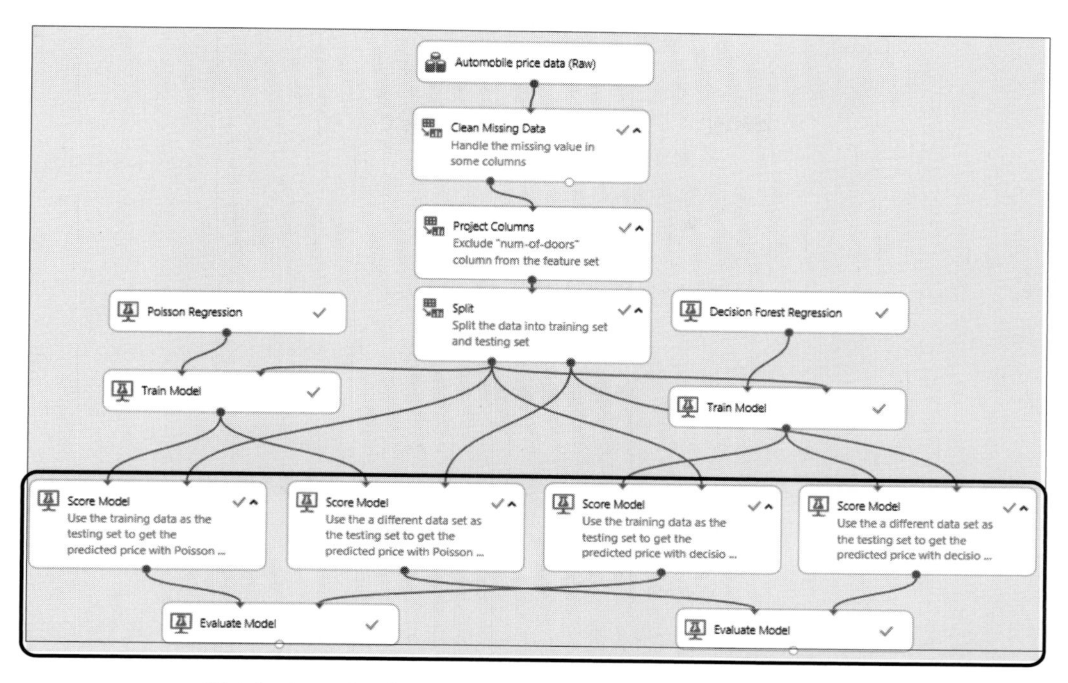

図 4-3　Azure Machine Learning Studio（classic）上での後処理部分

まず Azure Machine Learning Studio（classic）上での処理としては、学習結果（モデル）を用いたテストデータに対する推定（予測）の実施、その結果の評価（正答率の算出など）が考えられます。

それとは別に、外部へデータを送り出すための準備もあります。Azure Machine Learning Studio（classic）ではデータを CSV 形式でファイルに保存できます。そのためには、データ用のブロックを配置して、データ変換処理を実行する必要があるのです。

これらのことから、Azure Machine Learning Studio（classic）上で覚えるべき事柄は、前処理、学習、後処理に分けて理解すればよいことがわかります。

4.2 データの読み込みと保存

Azure Machine Learning Studio（classic）では、ファイルからのデータ読み込みとオンラインデータの読み込みとがサポートされています。データの読み込み・保存の詳細は次の章で説明します。

読み込んだデータは、Azure Machine Learning Studio（classic）上では読み込み済みデータとして表示されます。機械学習の設計においては、このデータをブロックとして取り込むだけで利用できます（**図 4-4**）。

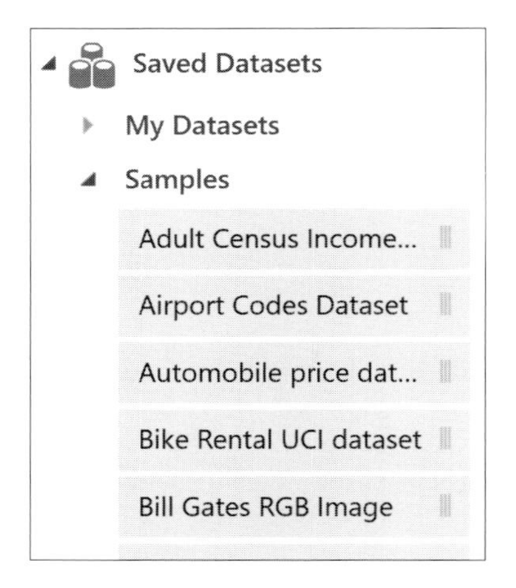

図 4-4　データの利用

一方で、データの保存処理も 2 つに分けて考える必要があります。設計図において、データを保存することと、実際にファイルに保存することとがあります。これについても次の章で説明しています。

4.3 データ処理

Azure Machine Learning Studio（classic）には基本的なデータ処理機能があります。結論を先に述べると、複雑な処理ならば Azure Machine Learning Studio（classic）にデータを読み込む前に Excel などで前処理を行うほうが、簡単で実用的な場合も多くあります。

Azure Machine Learning Studio（classic）のスキル習得水準にもよりますが、Azure Machine Learning Studio（classic）で複雑な処理を実現しようとすると、R や Python でのコーディングとなるため、本書の趣旨であるノンプログラミングではなくなってしまいます。

なお、Azure Machine Learning Studio（classic）に用意されている機能を GUI 操作のみで使うという立場で [7] では説明されています。

4.4 学習

Azure Machine Learning Studio（classic）上での学習は、「初期モデル」＋「トレーニング実施」によって表現します。

初期モデル（Initialize Model）としては以下の 4 種類があります。

- Classification
- Regression
- Clustering
- Anomaly Detection

Classification は分類です。果物の写真からりんご、みかんと当てるような処理がこれに該当します（**図 4-5**）。

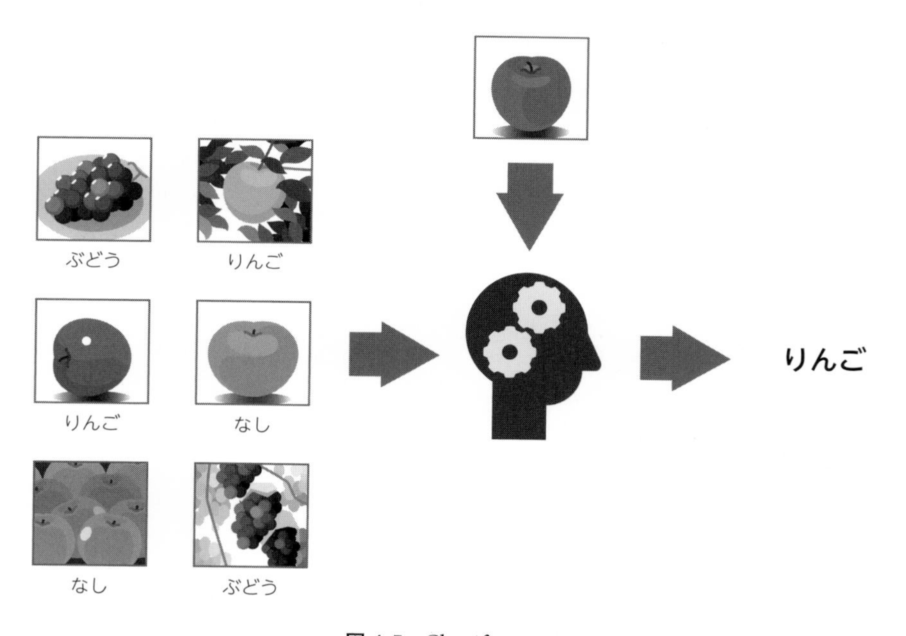

図 4-5　Classification

Regression は推定です。程度などを数値的に推定します（**図 4-6**）。

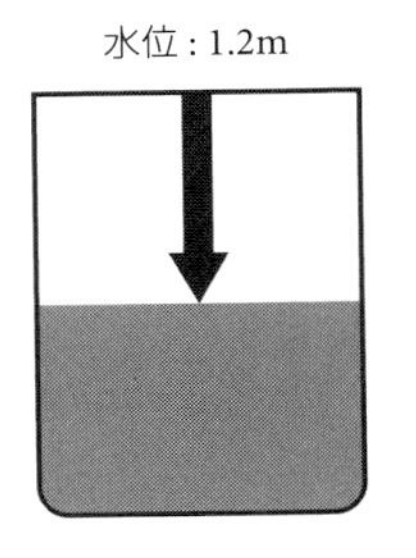

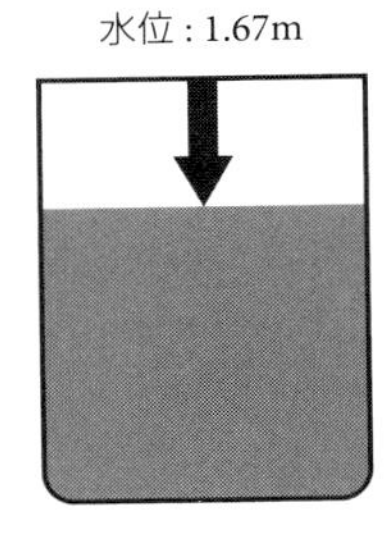

図 4-6　Regression

4.5 モデル適用

Azure Machine Learning Studio（classic）では、学習結果は内部モデルとして生成されます。このモデルを使ってテストデータに対する回答を算出できます。一般的にはこの処理を推定あるいは予測といいます。ここでは Regression と区別するため予測とします。

予測処理にはモデルとテストデータの 2 つの入力が必要です。出力は予測値ということになります。

4.6 評価

Azure Machine Learning Studio（classic）には、簡単な評価ブロックも用意されています。個人的にはもう少し充実してほしいというか、可視化するところに力を入れてもらいたいと思うところもあります。

とはいえ評価は用途によってさまざまなので、後述する CSV ファイルへの保存を行い、Excel などを用いて手元で計算するほうが適しているとも考えられます。

評価に用いる指標については第 10 章で説明しています。

4.7 演習：Azure Machine Learning Studio（classic）上での処理の実行

試しに簡単な処理を実行してみましょう。Azure Machine Learning Studio（classic）上に事前に用意されている Experiment（これ 1 つが 1 つのプログラムに相当します）があるので、単純にこれを実行してみます。

まず、画面左下の「＋」をクリックします（**図 4-7**）。

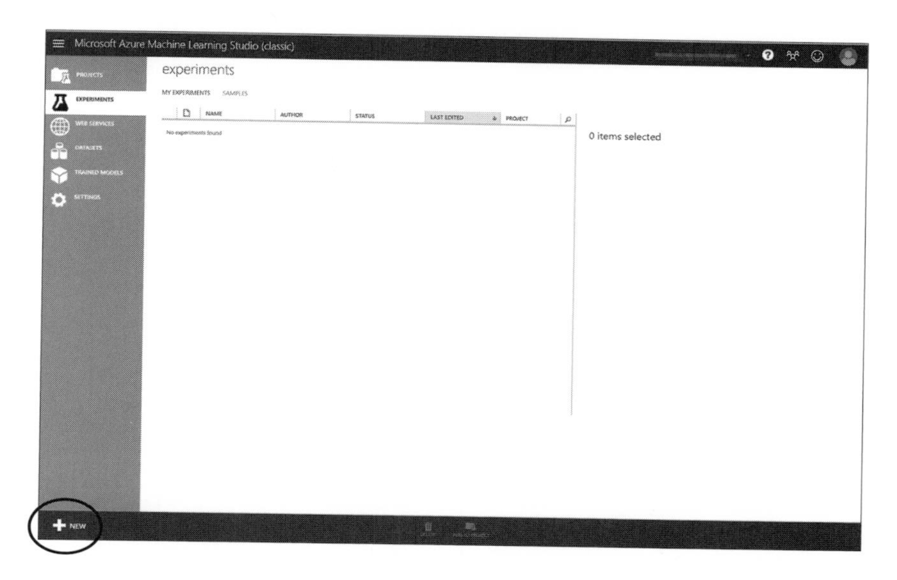

図 4-7　Experiment の作成開始

次に出てくるサンプル一覧から、ここでは「Clustering: Group iris data」をクリックします。クリック後「OPEN IN STUDIO」をクリックします（**図 4-8**）。

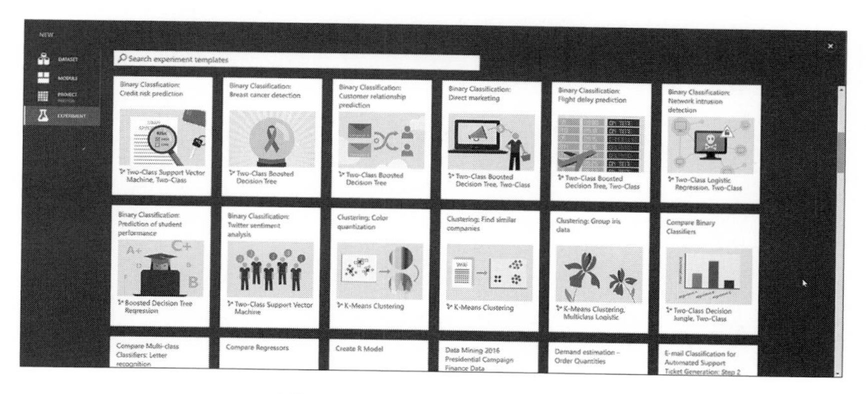

図 4-8　Experiment の新規作成

すると、**図 4-9** のような画面になります。かなり多くのブロックが並んでいて、これは複雑な例です。ここまで入り組んだ処理は、試行ではあまりないと思いますので、ご心配なく。

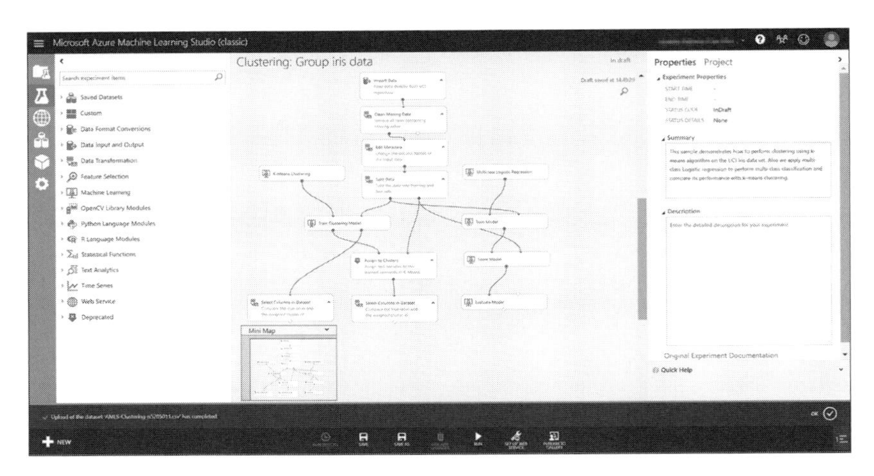

図 4-9　開いた Experiment

ここで画面下端にある「RUN」をクリックすると処理が始まります。

処理中は画面左上に「Running (0:00:22)」のように経過時間が表示されます。処理はクラウド上で行われているので、Web ブラウザーを閉じても構いません。

正常に処理が完了すると、この表示が「Finished Running」になります（**図 4-10**）。

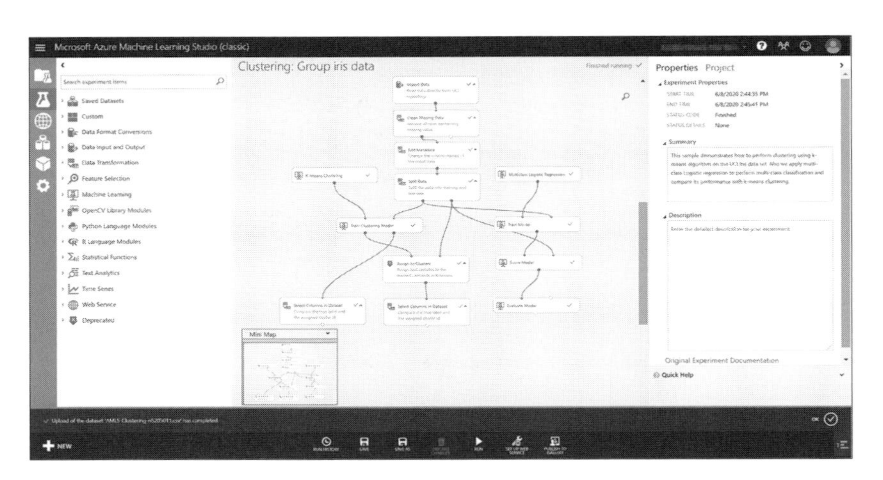

図 4-10　実行完了後

さて、画面上には結果に相当するような表示は特に何もありません。あえていえば、全ブロックにチェックマークが付いたことくらいでしょうか。

ここでは右下の「Evaluate Model」というブロックの下にある①を右クリックし、「Visualize」を選んでみましょう（**図 4-11**）。

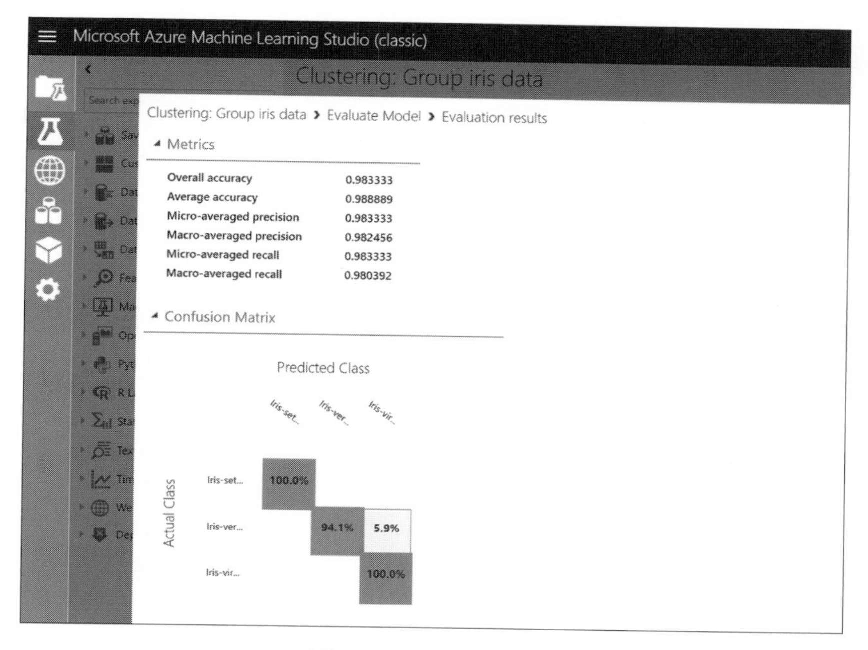

図 4-11　Evaluate Model

このEvaluate Modelブロックは評価結果をまとめています。

この例はアヤメの花の分類をしています。具体的にはアヤメの花は3種類あり、これを推定します。画面下側の表はその正答率を示しています。縦軸が正解、横軸が推定値です。画面例だと、正答率は順に100%、94.1%、100%です。また、誤認識を見ると、2つ目の種類について5.9%の割合で3つ目と誤解していることがわかります。

画面上部の数値は評価値を示しています（一部は[9]で説明されています）。

さて、ここまでの操作は難しかったでしょうか？　まだ説明していませんから、意味が不明な部分が多々残っているとは思いますが、操作としては簡単だったのではないでしょう（アヤメの花の分類については、第7章でより詳細に説明します）。この簡単さが、Azure Machine Learning Studio（classic）の利点です。

ほかにもサンプルは多数存在しています。サンプルに似たような処理があれば、それを読み込んで、例えば入力データだけ差し替える、といったことだけでも、目的を実現できてしまうかもしれません。

本章ではAzure Machine Learning Studio（classic）上における処理の全体像を示しました。基本的な考え方をここでご理解いただくことで、次章以降の内容の理解が容易になります。

Tea Break

IoT と AI/ 機械学習の密接な関係

最近話題の技術分野のキーワードに、IoT（Internet of Things）と、本書で扱っている AI/ 機械学習があります。これらはとても近しい関係にあるので、区別が曖昧なところもあってわかりにくいかもしれません。

IoT は非常に広範囲を表す言葉です。いろいろな定義が可能ですが、ある側面で見ると「計測→（通信）→データ処理→フィードバック」という一連の自動的な仕組みまであるといえます。これはフィードバック制御といわれている制御方式そのものですが、制御理論におけるフィードバック制御では、フィードバック先は計測を制御する装置です。これに対して IoT ではそうとは限りません。エアコンは温度を計測して風量などの制御装置をフィードバック制御して温度を設定値に近づけています。暑くなったらメールで人に知らせるという仕組みも IoT ならば提供できるわけです。

この仕組みの中で、データ処理の部分に AI/ 機械学習を用いることで、よりフレキシビリティ（柔軟性）の高いシステムを実現することができます。温度が 25 度を超えたらエアコンを動作させる、といったことであればデータ処理は AI/ 機械学習を使うまでもない、とても単純な内容で実現可能です。これに対して、これから温度が上がりそうだから事前にエアコンを動作させる、となったら過去の大量のデータ（例えば天気、外気温、人流）を AI/ 機械学習を用いて解析し、温度変化を予測することになります。

この仕組みにおいて AI/ 機械学習は監視員の代わりです。もしもそこに常駐の監視員がいれば職人技のような形で日ごろの経験の蓄積から理解・予測できると考えられます。これをデータ処理によって実現しようというわけです。対象となるデータはセンサーを用いて計測することになりますし、データを集約するのであれば通信が必要です。データ処理の結果を機器や人間に伝達する仕組みも必要です。こういった仕組み全体が IoT であり、AI/ 機械学習はその中のデータ処理に用いられる技術というように考えることができます。

Chapter 5

Azure Machine Learning Studio（classic）とデータ入出力

Azure Machine Learning Studio（classic）において、データは機械学習をする前に読み込むか連動させておきます。そうすることで、データもブロックとして表現されるので、GUI 上で簡単に扱えます。

5.1 ファイルデータの読み込み

Azure Machine Learning Studio（classic）にデータを読み込ませる最も簡単な方法は、CSV ファイルを用意してそれをアップロードすることでしょう。これは単純にファイルアップロードの操作で済むので、特殊な操作を習得する必要がありません。

1. 左側のメインメニューから「DATASETS」を選択する
2. 画面左下の「+ NEW」をクリックする（**図 5-1**）

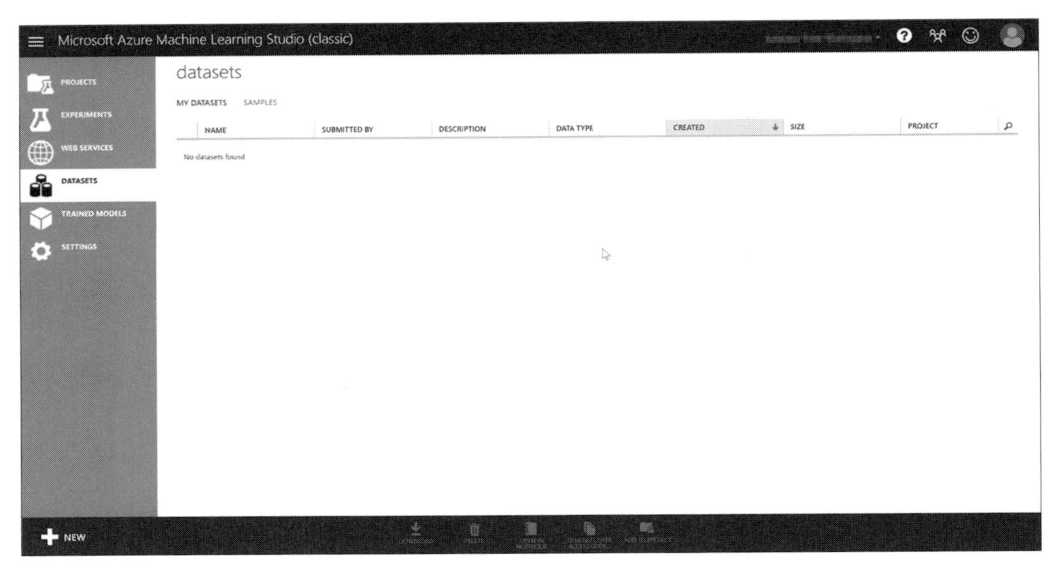

図 5-1　CSV ファイルの読み込み（1）：＋ NEW をクリック

3. 現れたメニューから「FROM LOCAL FILE」をクリックする（**図 5-2**）

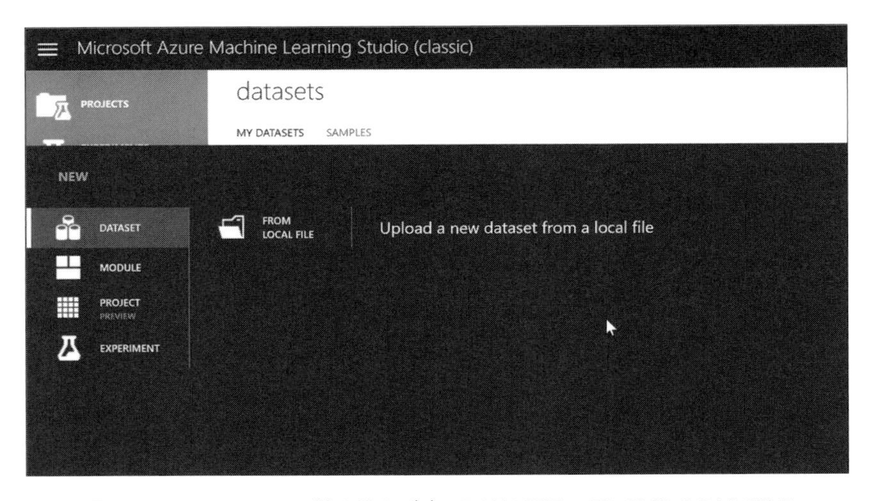

図 5-2　CSV ファイルの読み込み（2）：DATASET → FROM LOCAL FILE

4. 次の画面「Upload a new dataset」で、「ファイルを選択」をクリックして、ファイルを選択し、右下のチェックマークをクリックする

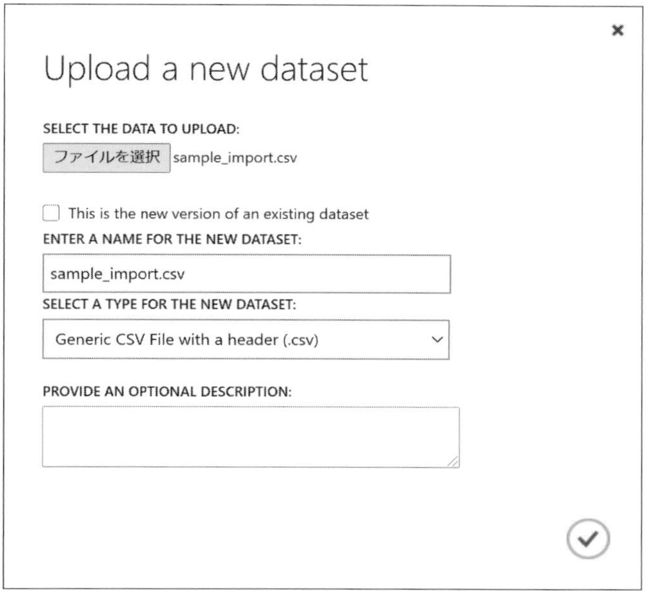

図 5-3　CSV ファイルの読み込み（3）

過去にアップロードしたファイルと同じ名前のファイルをアップロードしようとすると、上記**図 5-3** の画面で、「This is the new version of an existing dataset」（既存のデータセットの新しいバージョンです）にチェックが入ります。この状態でファイルをアップロードすると、元のデータセットが上書きされます。

上書きしたくないときはチェックを外すと、「ENTER A NAME FOR THE NEW DATASET:」欄が空欄になるので、既存のファイルと重複しない名前を入力して、チェックマークをクリックします。

5.1.1　演習：CSV ファイルの読み込みとワークスペース上での確認

実際に CSV ファイルを読み込んで、Azure Machine Learning Studio（classic）のワークスペース上でデータを確認してみましょう。用いる CSV ファイルは何でも構わないのですが、ここでは配布ファイル「ma_sample.csv」とします。

前述の手順で CSV ファイルをアップロードします。その後、Experiment の左側のメニューにある「Saved Datasets」の中の「My Datasets」に表示されます。

5.2 CSV ファイルへの出力

Azure Machine Learning Studio（classic）上ではデータは内部に保持されていますが、これをCSV ファイルとして取り出すことができます。そのためにはワークスペース上でCSV ファイルへの変換処理を実施します。

このとき用いるのは、「Data Format Conversion」→「Convert to CSV」ブロックです（**図5-4**）。

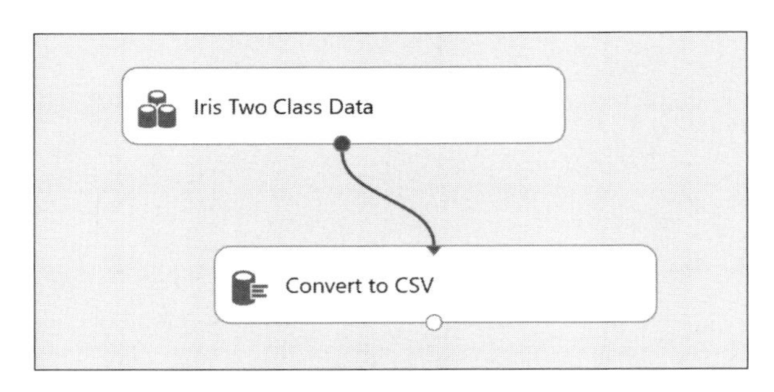

図 5-4　Convert to CSV ブロック

使い方は簡単で、このブロックの入力に、保存したいデータ出力をつなぐだけです。Experiment の実行後、ブロックを右クリックして「Results dataset」→「Download」を選択し、ファイルを保存します。

5.3 Azure とのデータ連携

本書の想定水準を超えてしまうので具体的な手順の説明は省きますが、Azure 上のストレージからのデータの読み込みも可能です。

IoT デバイスからのデータを Azure 上のストレージに格納し、これを対象とする処理が可能であるということです。ただし、現状の Azure Machine Learning Studio（classic）には定期実行やリアルタイム実行といった機能はありません。このため、いずれにしてもユーザーが手動で起動する必要があります。その際に手動で CSV 形式のファイルでデータを入力しても、全体的な手間は大きく違わないと考えます。

5.4 Azure Machine Learning Studio（classic）で提供されているサンプルデータ

自身でアップロードする以外にも、Azure Machine Learning Studio（classic）上にはサンプルデータセットが用意されています。これは「Saved Datasets」内の「Samples」にあります（**図 5-5**）。

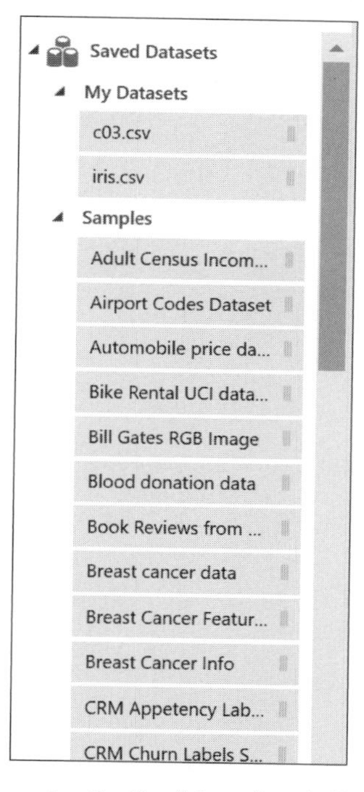

図 5-5　Azure Machine Learning Studio（classic）で提供されているサンプルデータ

これらのサンプルについては、Microsoft 社の Web ページ [12] に説明があります。有用な各種のデータがあるので、Azure Machine Learning Studio（classic）の使い方を試す際にはぜひ活用してください。

本章では Azure Machine Learning Studio（classic）に対して PC からデータを読み込んだり、PC へデータをダウンロードする手法を示しました。

単純ですが、これができることで手元の実データを使ったデータ処理を行い、その結果を手元で再利用できるようになります。

Tea Break

IT サービスにおけるクレジットカードの役割

クレジットカードに代表されるキャッシュレス決済の普及率が日本国内では低いといわれています。[15] によると、キャッシュレス決済の比率は 2015 年時点で、日本では 18.4% なのに対し、韓国では 89.1%、中国で 60.0%、米国が 45.0% とされています。

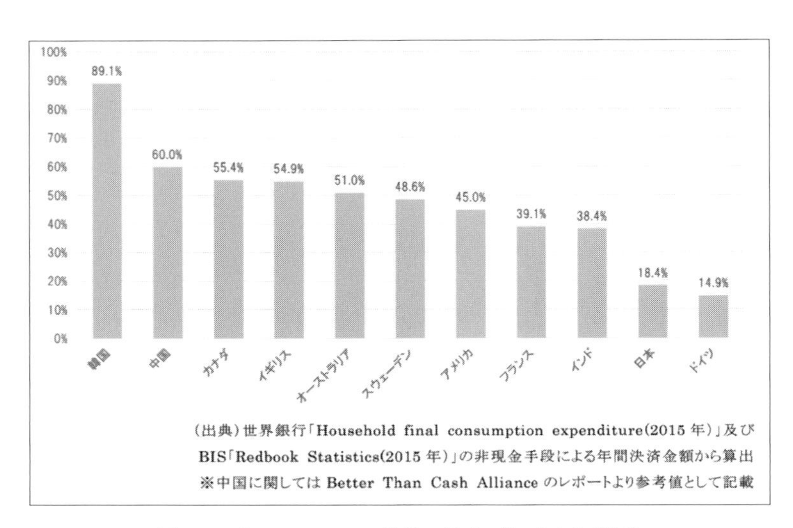

図 5-6 キャッシュレス決済の比率([15] より引用)

しかも日本国内ではクレジットカード以外のキャッシュレス決済(Suica など)が普及しているので、クレジットカードの普及率という意味ではもっと低くなると考えられます。

一方で、グローバル展開しているクラウド・IT サービスの多くはクレジットカードの利用が必須となっているケースが大半です。これには決済という側面だけではない事情があると推察されます。

もちろん利用料金の決済手段として、クレジットカードは非常に効率的です。国家をまたいで利用者が全世界に散在しているクラウドサービスにとっては、集金はとても重要な項目です。クレジットカードであれば、すでに存在する金銭の流れとして利用できます。

ですが、クレジットカードにはもう 1 つの側面として、身分証明としての機能があります。パスポートなどと比べればその本人確認性とでもいうべき意味での信頼性はもちろん劣る面もありますが、責任を持って支払えるかどうかという確認が得られている = 大人であるという確認が得られます。

このため、サービス提供時に無料プランであってもクレジットカードを登録する必要のあるサービスもあります(これにはその後の利用料金支払いを促すという側面も間違いなくあると思いますけれども)。

Chapter 6

Azure Machine Learning Studio（classic）内における前処理

6.1 複数データの直列結合

複数に分かれたデータをくっつける（縦につなぐ）必要がある場合には、「Data Transformation」→「Manipulation」→「Add Rows」ブロックを用います。このブロックは2つのデータを直列に結合し、1つのつながったデータにしてくれます（**図 6-1**）。

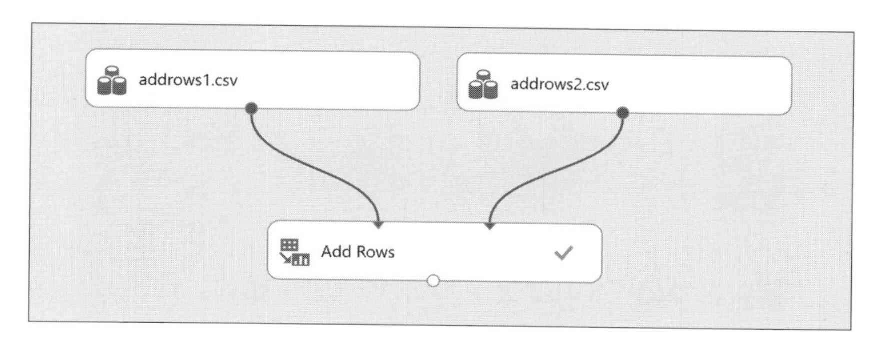

図 6-1　データの直列結合

6.2 複数データの結合

正直なところ、複数のファイルに分かれているデータがあるならば、手元のExcelでVLOOKUP関数などを使って結合してからアップロードし直したほうがわかりやすいと筆者は思います。本書の趣旨である「簡単さ」という視点からからすれば、その選択肢は常に残しておいてください。

ここでいう結合は、前節の処理と違い、ある条件で合致するデータをくっつける、SQL でいうところの JOIN 処理に相当するものです。SQL の JOIN 処理が比較的重い処理であることをご存じの方は、Azure Machine Learning Studio（classic）でもこの処理の負荷が大きいことを想像できるでしょう。

その上で、Azure Machine Learning Studio（classic）上で複数のデータをまとめるには「Data Transformation」→「Manipulation」→「Join Data」を用います（**図 6-2**）。

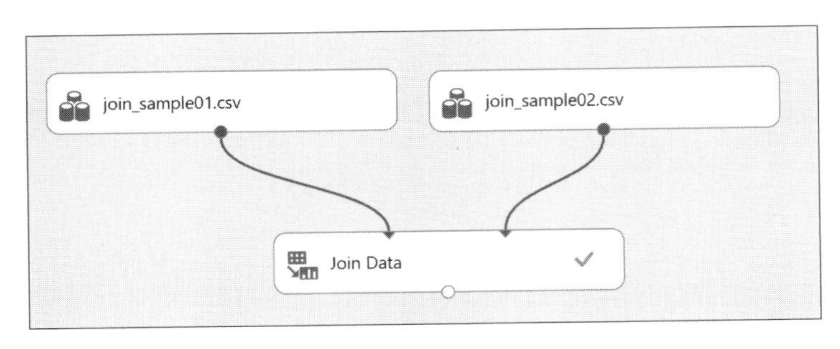

図 6-2　データの結合

「Join Data」ブロックの使い方自体は簡単です。上部の 2 つの端子に結合したいデータを接続すると、下部の端子から結合したデータが出力されます。

結合するにはパラメーターの指定が必須です。左側に入力したデータのどの列が、右側に入力したデータのどの列と対応付けられるのか、を指定します。これは SQL での JOIN とほぼ同じイメージです。

「Join Data」ブロックを選択すると右側の「Properties」に 2 つ「Launch column selector」というボタンが表示されるので、これをクリックして 2 つのデータそれぞれに対して結合に使用する列を選択します。

6.2.1 演習：2 つの CSV ファイルのデータを結合

サンプルデータの「join_sample1.csv」（商品データ）と「join_sample2.csv」（売上データ）を結合してみます（**図 6-3**）。

商品ID	品名	単価
1	ペン（赤）	120
2	ペン（黒）	120
4	鉛筆（2B）	50
5	鉛筆（HB）	50
9	消しゴム	200

取引ID	商品ID	単価	数量	金額
1	1		2	
2	9		3	
3	9		1	
4	5		6	
5	1		4	
6	2		1	
7	1		2	

図 6-3　結合用のサンプルデータ

ここでそれぞれの「商品 ID」列が対応するものとします。処理としてはどちら側を基準としても結合できますが、「join_sample2.csv」に商品データである「join_sample1.csv」の内容を展開するほうが現実的でしょう（**図 6-4**）。

ブロックの配置が終わったら、次に、結合に使うデータを指定します。［Join Data］ブロックを選択して、画面右のペインから［Join key columns for L］の下にある［Launch column selector］を選択します。［Select Columns］画面が表示されるので、この画面で、左側の「AVAILABLE COLUMNS」で「商品 ID」「単価」を選択、「>」ボタンをクリックしてこれらを左に移動してから、右下のチェックマークをクリックします。さらに［Join key columns for R］の［Launch column selector］でも同様の操作を行います。

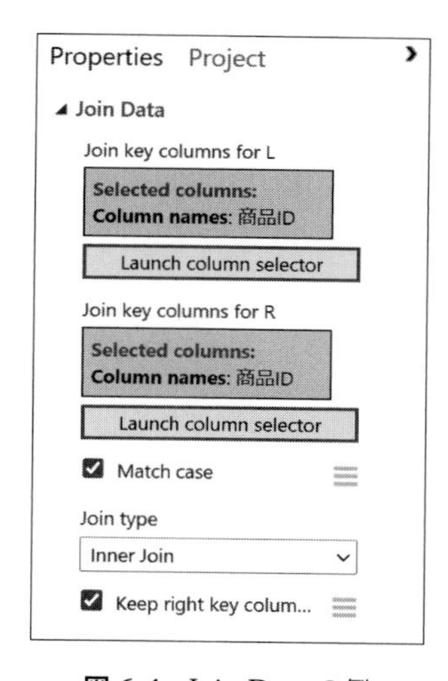

図 6-4　Join Data の例

結果が**図 6-5** のようになっていれば正解です。

商品ID	品名	単価	取引ID	商品ID (2)	単価 (2)	数量	金額
1	ペン（赤）	120	1	1		2	
1	ペン（赤）	120	5	1		4	
1	ペン（赤）	120	7	1		2	
2	ペン（黒）	120	6	2		1	
5	鉛筆（HB）	50	4	5		6	
9	消しゴム	200	2	9		3	
9	消しゴム	200	3	9		1	

図 6-5　Join Data による結合結果の例

6.3 列の抽出

データから特定の列だけを抽出したいことがあります。特定のある列と決まっているのであれば、手元で Excel を使って抽出してからアップロードし直したほうがわかりやすいでしょう。その選択肢は残しておいてください。

一方、機械学習を試行錯誤する際にはどの列（データ）が有効か、いろいろと変更しながら試すことになるでしょう。そのような場合には Azure Machine Learning Studio（classic）上で変更するほうが簡単です。

これには「Data Transformation」→「Manipulation」→「Select Columns in Dataset」を用います。抽出したい元のデータを上部の端子に接続し、画面右の「Properties」で「Launch column selector」を実行します（**図 6-6**）。

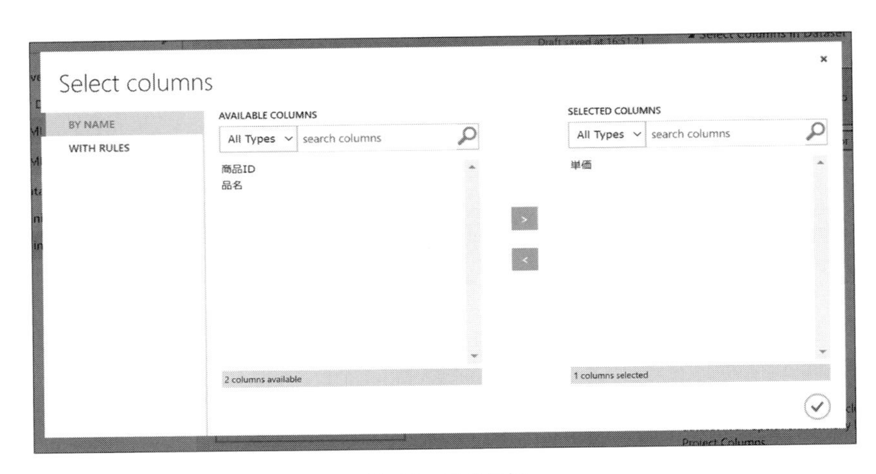

図 6-6　列の選択

ここでは 2 種類の指定方法があります。通常は「By name」から所定の列を指定するのがよいでしょう。

6.4 データの抽出

データから特定の条件に該当するものだけを抽出したいことがあります。これも手元で Excel を使って抽出してからアップロードし直したほうがわかりやすいでしょう。その選択肢は残しておいてください。

その上で、Azure Machine Learning Studio（classic）上でデータを抽出する方法はいくつかありますが、汎用性が高いのは「Data Transformation」→「Manipulation」→「Apply SQL Transformation」です。

この機能は、RDBMS（Relational Database Management System）における SQL 言語によく似た文法でデータを抽出できます。

6.4.1 演習：成人のデータのみの抽出

先ほどのサンプルデータ「join_sample1.csv」を対象に試してみましょう。ここから単価が 100 円未満の商品のデータ（行）を抽出してみます（**図 6-7**）。

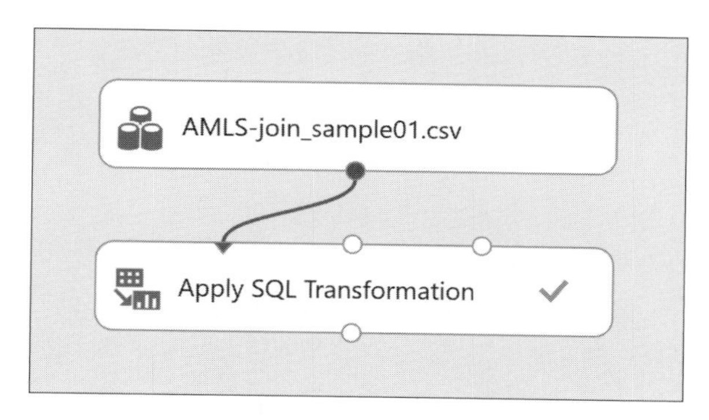

図 6-7　Apply SQL Transformation

「Apply SQL Transformation」ブロックを選択すると、画面右の「Properties」に「SQL Query Script」というテキストボックスが表示されるので、ここに例えば「`select * from t1 where 単価 < 100;`」のように指定します。

6.5 フィルターによるデータ処理

ここでいうフィルターは、信号処理などでいうところのデータ処理の一種です。信号処理でよく出てくる FIR/IIR フィルターや、移動平均（Median）フィルターなどがあります。

ここでは試しに移動平均（Moving Average）フィルターを使ってみます（**図 6-8**）。

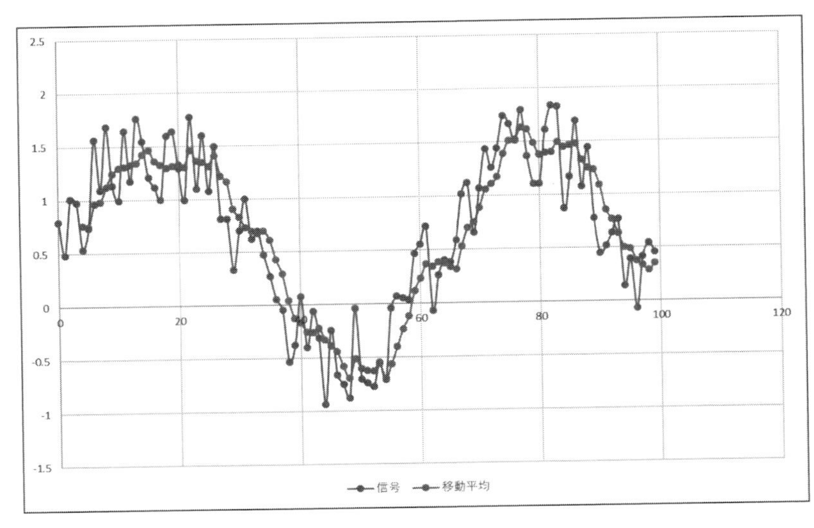

図 6-8 移動平均処理

通常の平均値はデータ全体の合計（総和）をデータ個数で割ったものです。これは全体の中央を示す指標の 1 つとして理解できます。

これに対し移動平均は、ある点について、その前後（もしくは前）の一定区間の平均値を求める処理です。平易にいえば、部分的な平均値と理解できます。当然、信号には一定の変化があると想定されますが、短い区間に区切れば、おおよその変化を維持しつつ、ノイズなどの影響を削減し、なめらかにする効果が得られます。

6.5.1 演習：移動平均フィルターを用いた処理の実践

実際に移動平均フィルターをサンプルデータ「ma_sample.csv」に対して用いてみましょう。このデータをアップロードし、Experiment は**図 6-9** のようにします。

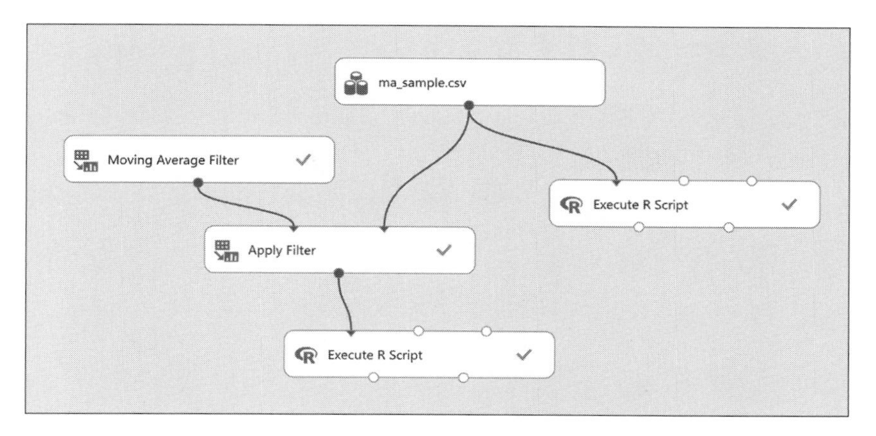

図 6-9　サンプルデータ「ma_sample.csv」に対する移動平均の例

［R Language Module］→［Execute R Script］ブロックを使っていますが、これによってグラフが描画されます。詳しくはコラム「R によるグラフ描画」を参照してください。この例では、それぞれのブロックでの表示は**図 6-10** のようになります。フィルター前の波形が上下に大きくぶれて見えるのに対し、フィルター後の波形ではこれが抑制され、なめらかになっていることがわかります。

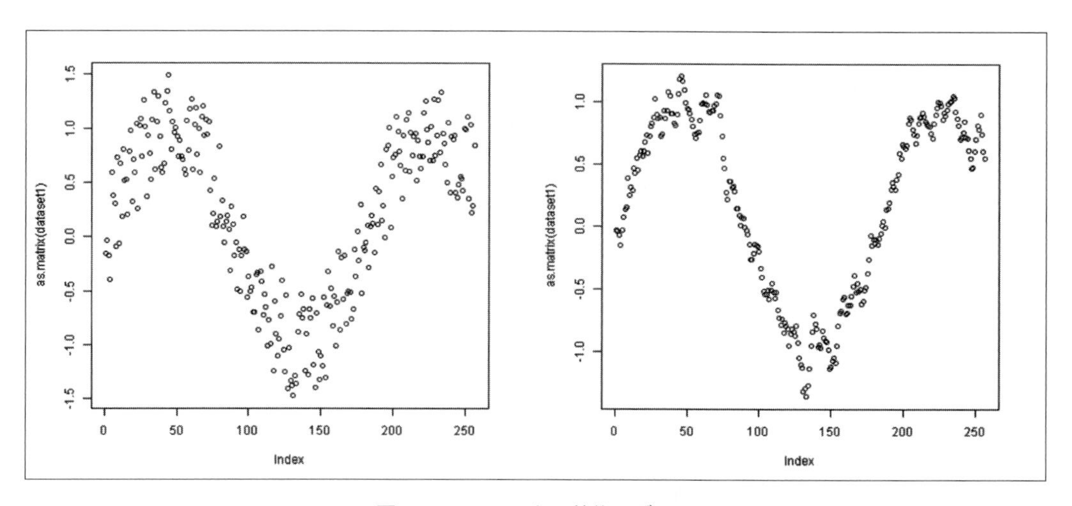

図 6-10　フィルター前後のグラフ

「Data Transformation」→「Filter」→「Moving Average Filter」ブロックのプロパティにある「Length」の値を変更すると、なめらかになる度合いが変わります。基本的に大きくすればするほどなめらかになりますが、その分だけ遅延が発生します。用途に応じた調整が必要です。

6.6 メタデータに対する操作

カラム名や値の種別などを編集するには、「Data Transformation」→「Manipulation」→「Edit Metadata」ブロックを用います（**図 6-11**）。実際のところ、これを使用するケースは本書の想定ではほとんどありません。メタデータを修正するくらいであれば、アップロード前のデータを手元で修正したほうが素早く実現できるでしょう。

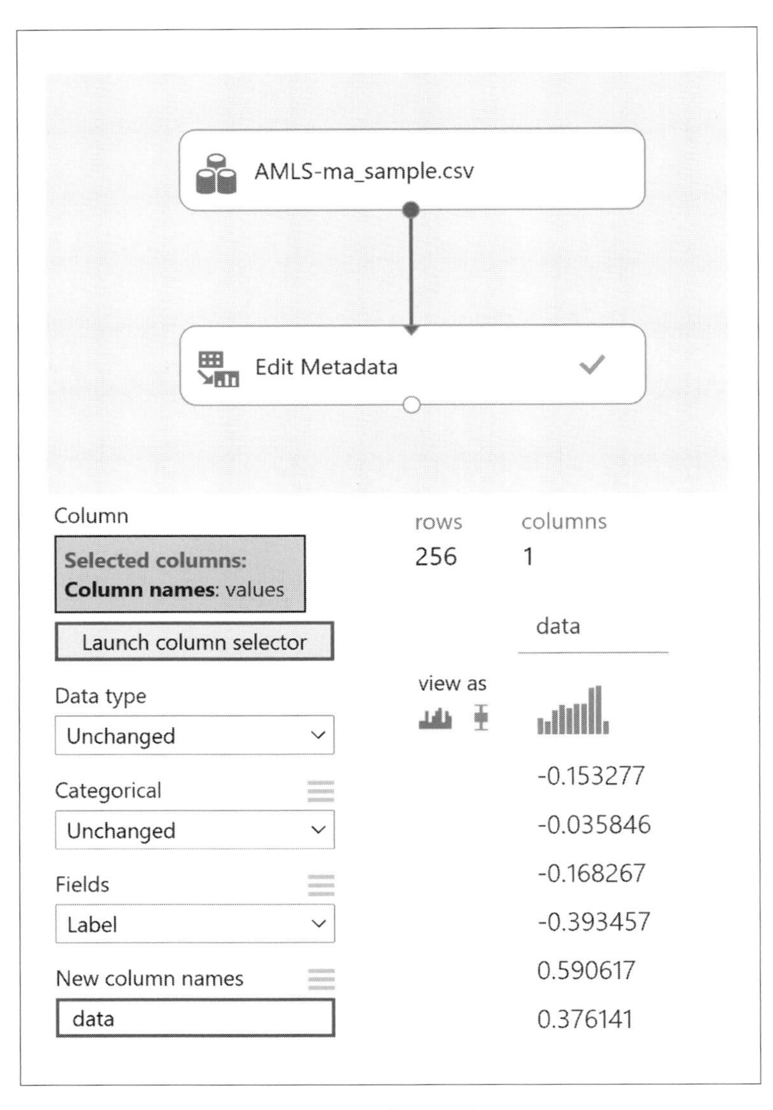

図 6-11　Edit Metadata

とはいえ有用性はあります。特にカラム名を変更することは、見通しをよくするためにもとても重要でしょう。例えば、データの直列結合（6.1）をする対象データのカラム名が違うような場合に利用できます。

6.7　欠損値に対する処理

データの一部分が欠落した不完全なデータが含まれていると、データ処理に支障をきたします。このため、このような不完全なデータ（行）を削除しておく必要性があります。

本書の想定は、外部にデータを用意してそれを取り込んでいますので、そもそもExcelを使ってこのような行は含めないほうがわかりやすいという側面があります。Excel上で行うとすれば、おおよそ以下のような手順となるでしょう。

① 1列目に順序を維持するためにID列を追加し、0, 1, 2, …のように展開する

② 異常値の含まれる列を指定して並べ替える

③ ②により一番前か後ろに異常値が固まっているので、これを手動で削除する

④ ①で用意したID列を使って元の順序に並べ替える

列の数が多いと、上記の方法では難しくなります。そのような場合には、空白セルの数を求める列を右端などに用意し、「=COUNTBLANK(a2:x2)」のようにして空白セルの数を数え、これを基準に上記の処理をするとよいでしょう。

これに対し、Azure Machine Learning Studio（classic）上で実行する場合には、「Data Transformation」→「Manipulation」→「Clean Missing Data」ブロックを用います（**図6-12**）。

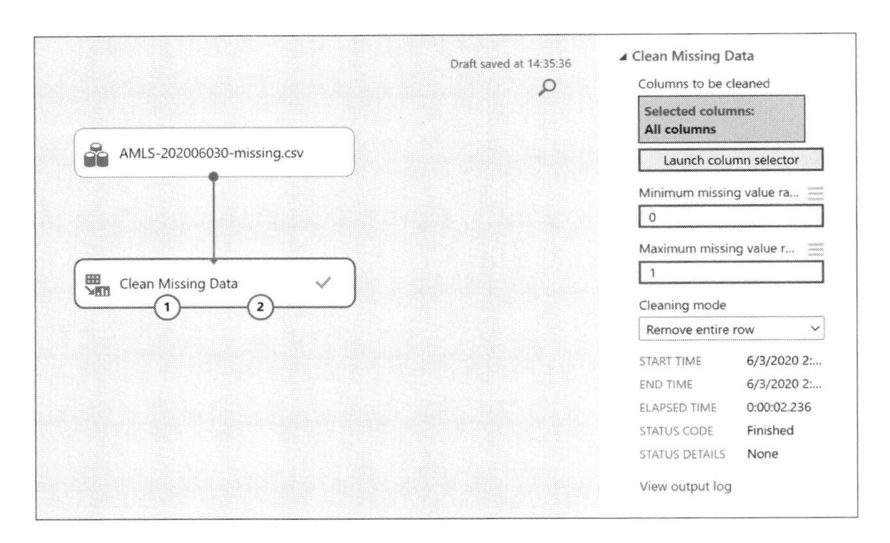

図 6-12　Clean Missing Data

6.8 ランダムなデータ分割

機械学習の練習でよくある処理の 1 つに、データをランダムに分割し、片方を教師（トレーニング）データとし、残りをテストデータとする方法があります。

そのような処理は Azure Machine Learning Studio (classic) では「Data Transformation」→「Sample and Split」→「Split Data」ブロックを用います。ブロックの上部端子に分けたい元のデータを接続します。下端の左側が抽出されたデータ、右側は残りとなります（**図 6-13**）。

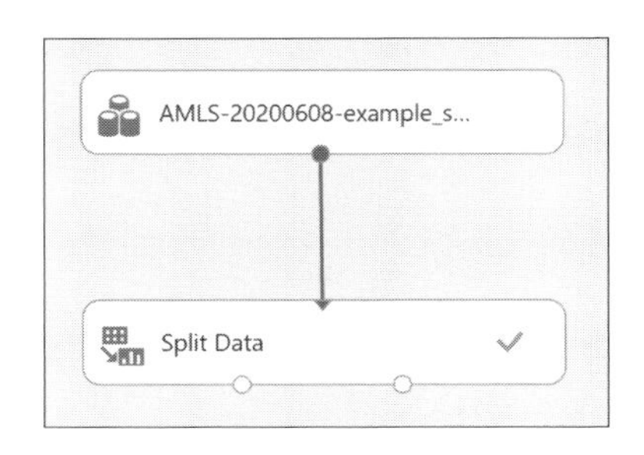

図 6-13　Split Data

なお、実際の機械学習で考えると、このような処理で評価が妥当かどうかをよく考える必要があります。例えばセンサーによる一連の計測データを考えた場合、これをランダムに分割しても、本質的でない外部要因が共通に含まれることがあるかもしれません。それを基準に学習しても、意味のない結果が得られるだけです。このような場合には、計測自体を何度も分けて実施し、交差検証（10.5 節）をしたほうがよいでしょう。

6.9 データの正規化

振れ幅が大きく異なるデータが混在していると、機械学習がうまく機能しないことがあります。例えば一方のデータが±0.1 の値なのに対し、もう一方のデータが 0 ～ 10,000,000 であるという例を考えてみます。後者のデータを基準に考えると、前者のデータは誤差よりも小さいということがありそうです。これでは正常に学習できないような気がしますよね？

お互いの数値の大きさに関連がないなら、データの正規化を行い、振れ幅を整える処理、すなわち正規化を行うことで調整できます。

Azure Machine Learning Studio（classic）上での正規化は、「Data Transformation」→「Scale and Reduce」→「Normalize Data」ブロックで実行できます（**図 6-14**）。

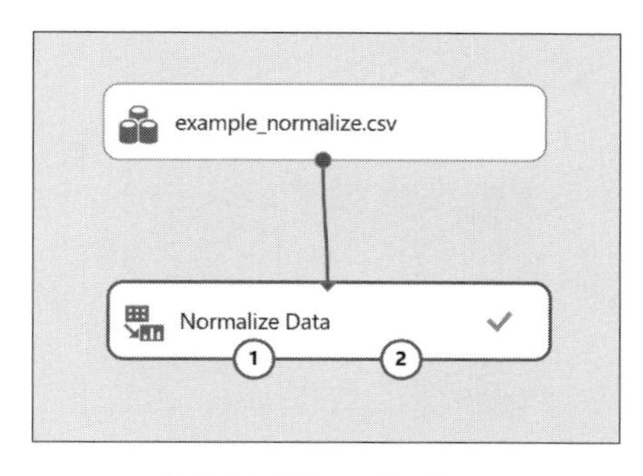

図 6-14　Normalize Data

正規化の Properties で正規化の手法をいくつか選択できます。目的に応じて適切なものを選ぶ必要があります。

本章では機械学習処理にデータを投入する前の処理を示しました。前処理だけを取り上げた書籍 [16] が出版されるほど重要なところです。

機械学習を効率的かつ効果的に活用するためには、この前処理が重要です。機械学習によってコンピューターがデータから特徴を見いだしてくれるといっても、できるだけ余計なデータがないほうがより短時間で、より精度よく分析できることも事実です。

Tea Break

R によるグラフ描画

本書の趣旨は GUI のみでの機械学習の試行にあるため、いわゆるテキストベースのコーディングはしない形で構成しており、データ準備については Azure Machine Learning Studio（classic）だけでなく手元の Excel（などのソフトウェア）も用いています。これは、手軽に使い慣れた Excel で処理してしまったほうが手早いものが多いからです。あくまでも試行のハードルを下げようということなので、このあたりは効率性よりも簡易性を優先しています。

Azure Machine Learning Studio（classic）上でも、Python もしくは R を用いた処理を実行できますが、本書の趣旨には合致しないので利用しません。

しかし、Azure Machine Learning Studio（classic）には、データの可視化の機能がほとんどありません。このため、計算結果を確認したいときは CSV ファイルとしてダウンロードし、Excel でグラフ化するということになります。使い慣れた表計算ソフトウェアで処理できるというメリットがありますし、重要なデータの可視化にはこのほうがよいでしょう。Microsoft 社にはぜひ Excel Online のグラフ機能をここに連携させてもらいたいところです。

とはいえ、計算結果をさっと確認したい場合に逐一 CSV ファイルをダウンロードするというのは、大きなボトルネックになってしまうことも事実です。やむをえず、この部分だけ R Script を使うことにします。とは言っても、R でのコーディングを覚えるということではなく、［Execute R Script］を選択すると右側に表示される［R Script］に次のコードを入力するだけです。

1 次元データのグラフ化

```
dataset1 <- maml.mapInputPort(1);
plot(as.matrix(dataset1));
maml.mapOutputPort("dataset1");
```

2 つのデータのグラフ化

```
dataset1 <- maml.mapInputPort(1)
dataset2 <- maml.mapInputPort(2)

vMin1 <- min(dataset1)
vMax1 <- max(dataset1)

vMin2 <- min(dataset2)
vMax2 <- max(dataset2)
```

```
vMin <- vMin1
if (vMin1 > vMin2) {
        vMin <- vMin2
}
vMax <- vMax1
if (vMax1 < vMax2) {
        vMax <- vMax2
}

vDif <- vMax - vMin
vDif <- vDif / 20

vMax <- vMax + vDif
vMin <- vMin - vDif

len1 <- nrow(dataset1)
len2 <- nrow(dataset2)
mLen <- len1
if (len1 < len2) {
    mLen <- len2
}

plot(as.matrix(dataset1), col='red', ylab=colnames(dataset1)[1], xlim=c(1,mLen),
ylim=c(vMin,vMax))
par(new =T)
plot(as.matrix(dataset2), col='blue', ylab="", xlim=c(1,mLen), ylim=c(vMin,vMax))
axis(4)
```

Rによるグラフ描画はいろいろと多機能ですが、ここでは簡易的に波形を確認するといった程度にとどめ、詳細については言及しません。関心があればR言語の書籍等を参照してください。

Chapter 7

AI の試行 1：教師あり学習（分類）

7.1 教師あり学習による分類とは？

機械学習の中で、最もわかりやすい対象・手法が、「教師あり学習」における「分類」（Classification）です。

「教師あり学習」では、教師データ（トレーニングデータ）を用いてニューラルネットワークを教育（トレーニング）します。ここでトレーニングデータには、学習に用いるパラメーターと回答データがセットになっています。「分類」においてその回答データは、ラベル（例えば、りんご・みかん）です。

その学習結果（モデル）を用いてテストデータを識別できます。次章で説明する「回帰」との違いは、分類においては対象に連続性を見いださない（答えが仮に数値でもラベルとしてのみ識別する）ということです（**図 7-1**）。

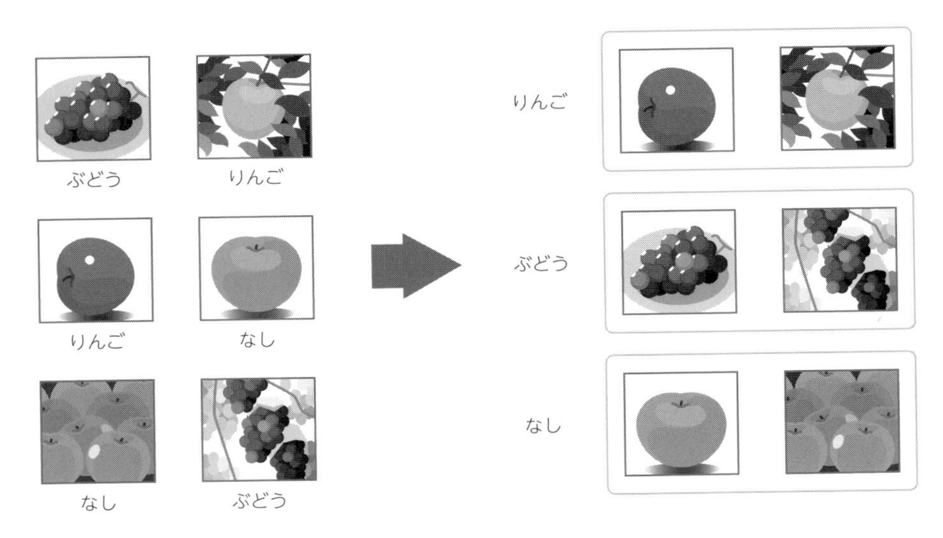

図 7-1　分類の基本構造

このように「分類」ではトレーニングデータとテストデータが必要です。

トレーニングデータはニューラルネットワークのパラメーターを定めるために用います。このため、事象全体を表すような適切なデータを用意する必要があります。例えばアルファベットの文字認識の例でいえば、文字「A」のデータがなければ、当然「A」は識別できません。

いい換えると、「分類」は教わったことはうまくこなせる秀才型と考えられます。一方で応用は利かないので、トレーニングデータとして教わっていないことはまったくできません。

このようなことから、「分類」は既知の有限な事象を対象とした機械学習であるといえます。長さ・重さのように、既知であっても数値が連続するような事象には向きません。未知の事象については「グルーピング」や「異常検知」の手法を適用することになります。

7.2 サンプルデータ Iris

第 4 章でも用いた Iris Dataset は、とても有名なデータセットです。Iris はアヤメの花のことです。アヤメは花の形状により 3 種類に分類できるそうです（**図 7-2**）。この Iris Dataset は、この花の形状特徴と解答例がセットになっています。

図 7-2　アヤメの花（setosa（JT Fisherman@Adobe Stock））

アヤメの花の形状特徴は「がく片（sepal）」と「花弁（petal）」の幅および長さです。解答となる種類の名称は「setosa」「virginica」「versicolor」の 3 種類です。4 つのパラメーターで 3 通りのラベルのいずれかであるかを当てるクイズのようなものです。

以降ではこの Iris Dataset を例に、いくつかの機械学習を試行します。配布元 [17] ではデータ本体とラベルが別々になっているようなので、これらを組み合わせたヘッダーあり CSV「iris.data.csv」を本書のサポートサイトで公開しています。詳しくは配布元を参照してください。

7.3　ニューラルネットワーク（Neural Network）

ニューラルネットワークについては 1.3 節で説明しましたが、端的にいえば、多数・多段の重み付け合計の組み合わせで計算するアルゴリズムで、重み付け係数によってその処理の内容が決定されるものです。

Azure Machine Learning Studio（classic）において「分類」を行うには、「Machine Learning」→「Initialize Model」→「Classification」→「Multiclass Neural Network」を用います（**図 7-3**）。その基本的なパラメーターには「Number of hidden nodes」と「Number of learning Iterations」があります。

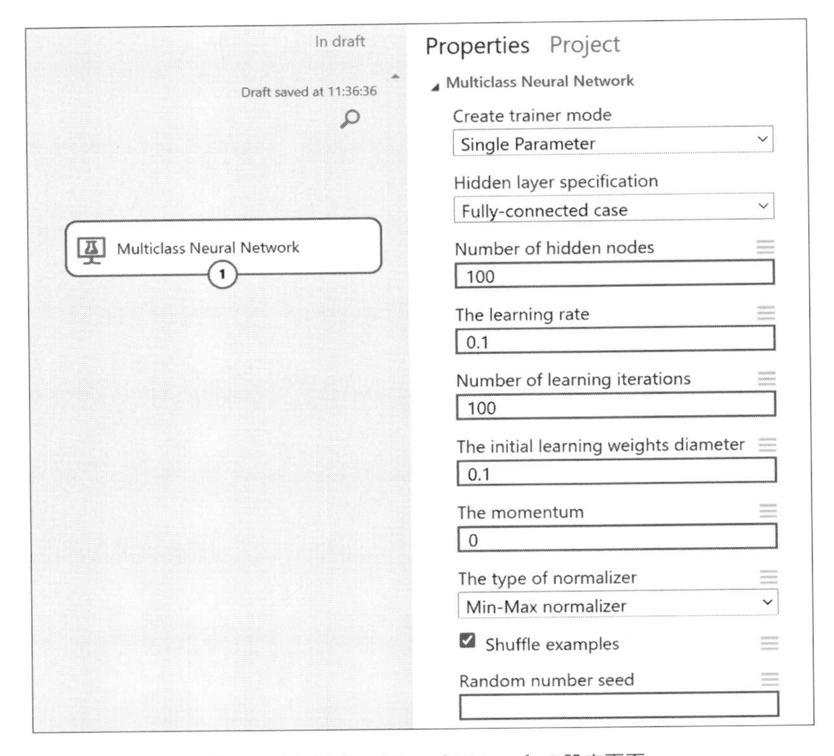

図 7-3　Multiclass Neural Network の設定画面

「Number of hidden nodes」は隠れ層の設定を意味します。ここでは**図 7-4** のようなニューラルネットワークを想定しています。

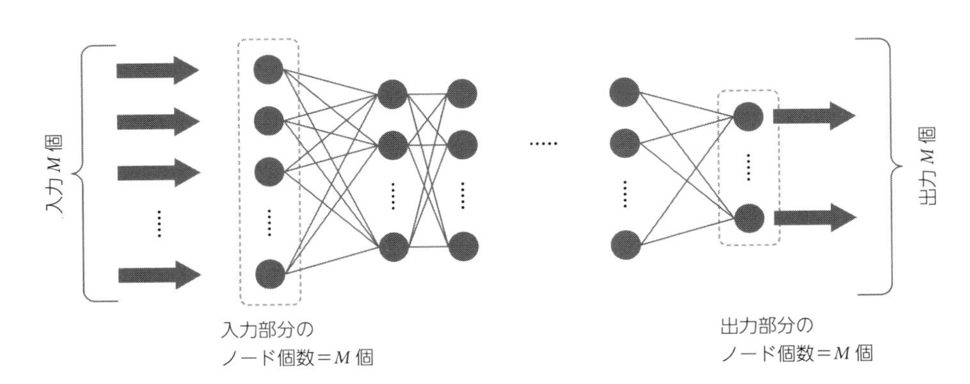

図 7-4　ニューラルネットワークと隠れ層

このように入力と出力に接する層はそれぞれ入力の数と出力の数で自動的に定義されるので、その間にあたる隠れ層の層の数と各層のノード数を定義します。

例えば「100」(初期値) は1層でノード数が100個であることを意味しています。「50,50,50」とすれば3層で、各層のノード数が50個ずつを意味します。「30,20,10」とすれば、3層で、1層目がノード数30個、2層目がノード数20個、3層目がノード数10個であることを意味します。いずれも層の順序は入力側から出力側へ数えます。

とすれば、課題は隠れ層のパラメーターをどのように設定するかということになります。これは対象とする問題、つまりデータの性質によりますが、非常に個人的な見解としていえば、まずは初期値のままで動作を確認 (そもそも設定を間違えていてエラーになってしまうのならば、まずはその設定を見直すことが先決です) し、次は「*N,N,N*」(ここで*N*は入力点数) としてみてはどうか、と考えます。根拠は特にありませんし、計算時間も長すぎるという気がしますが、何の目安もないよりはましなのではないでしょうか。

「Number of learning Iterations」は繰り返し回数です。ニューラルネットワークのパラメーターを決定する処理は反復計算なので、その繰り返しの回数を指定します。当然ながら、回数が多いほうが一般的によいのですが、多すぎると計算時間が長くなります。また、多すぎることでかえって精度が悪化してしまうこともあります。

これも、まったく根拠はありませんが、個人的な目安として最初は10〜100くらいに設定して動作を確認し、そこから1桁ずつ上げていってみてはどうかと考えます。

実際にIris Datasetに対して試してみましょう。構成は**図7-5**のようになります。ここでモデルに対し学習させる「Train Model」において、回答データの列 (Label Column) を指定する必要があります。この例では“class”を選択します。

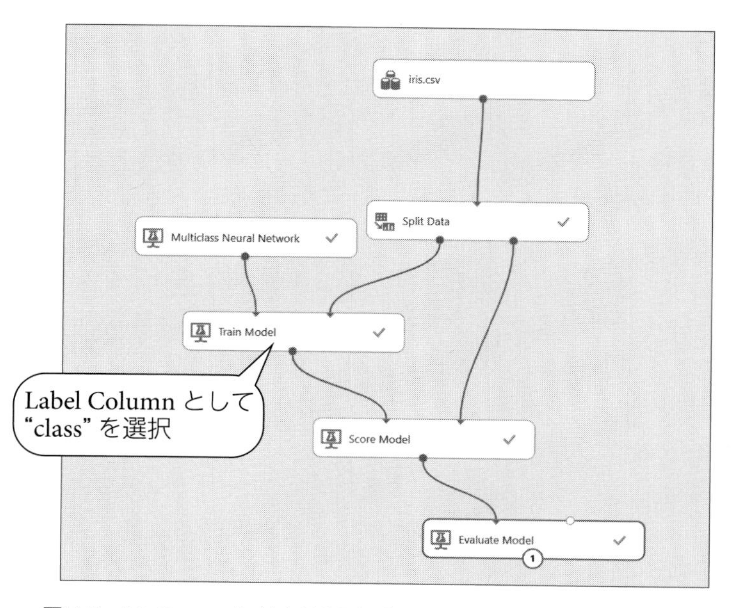

図7-5 Iris Datasetに対するMulticlass Neural Networkによる分類処理

ここで実行後に「Evaluate Model」の出力を見てみると、**図 7-6** のようになっています（結果の数字は乱数に依存する要素があるので完全には合致しません）。「Multiclass Neural network」ブロックのパラメーターを変更することで、正答率が変化します。

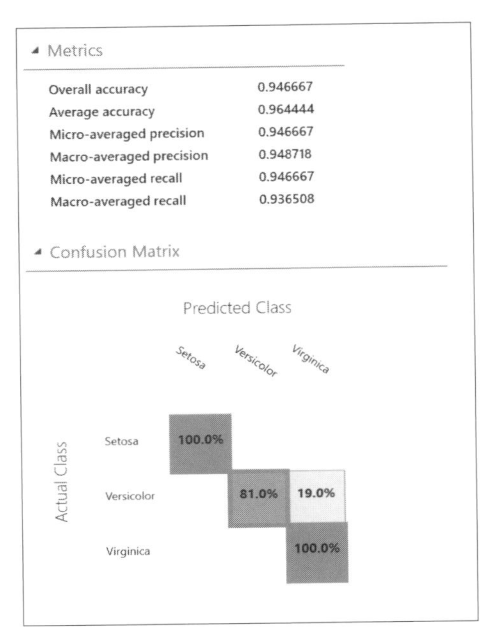

図 7-6　Multiclass Neural network による分類結果

7.4 サポートベクターマシン（SVM）

サポートベクターマシン（SVM：Support Vector Machine）もよく用いられる機械学習手法です。その原理からの説明は本書の想定範囲を著しく超えてしまいます。原理の理解には例えば [18] などを参照いただくとして、ここではその利用に徹することにします。

SVM はとても優れた機械学習の手法の 1 つです。分類や回帰に主に用いられます。さまざまな分野で用いられていますが、パターン認識の分野などで大変優れた成果が得られています。

学術上もさまざまな実用例があり、SVM はとても汎用性の高い、さまざまな問題に適用可能な機械学習手法です。

実際に Iris Dataset に適用してみましょう。

基本的な構造は「Multiclass Neural network」のときと同じです。機械学習モデルとして「Two-Class Support Vector machine」を用います（**図 7-7**）。また現状では「Two class」にしか対応していないので、Azure Machine Learning Studio（classic）上に用意されている「Iris Two Class Data」にデータを差し替えます。

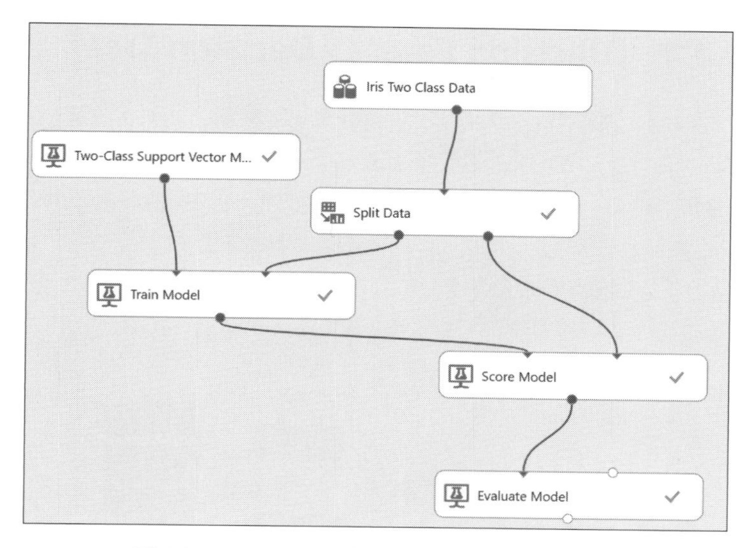

図 7-7 Iris Dataset に対する SVM による分類処理

処理結果の**図 7-8** では、100％正答しています。

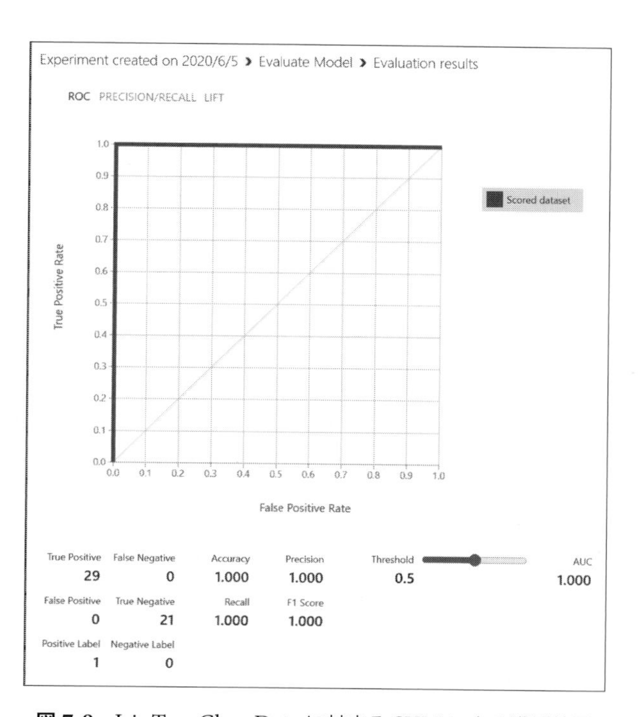

図 7-8 Iris Two Class Data に対する SVM による識別結果

7.5 決定木（Decision Forest・Decision Tree）

PC上において多数のファイルをフォルダーに分類して格納してある状態をイメージしてください。このときあるファイルを見つけ出すときには、フォルダーを上から順に見ていきます。例えば「家庭」「仕事」「趣味」から「仕事」フォルダーを選び、その中にある「2019」「2020」「2021」から「2020」を選ぶ、といったようにフォルダーを選んでいきます。

「決定木」はこのように何らかの条件で分岐しながらゴールへたどり着くものです（**図7-9**）。直感的には最も分かりやすい機械学習アルゴリズムでしょう。

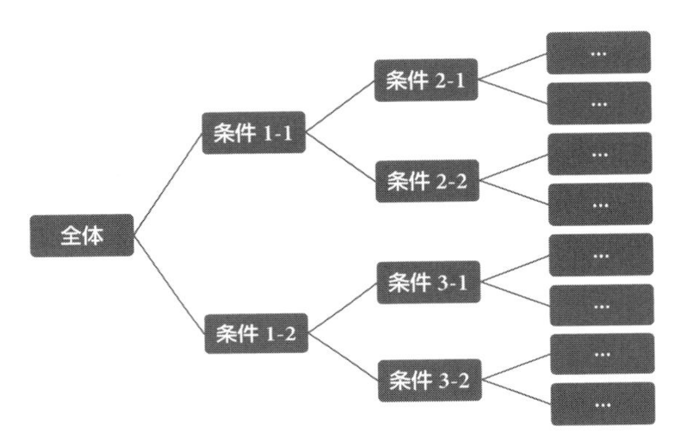

図7-9　決定木の基本構造

決定木はツリー状に表現できます。ツリーの分岐点は、何らかの評価数値とそれに対するしきい値です。例えば**図7-10**のようになります。

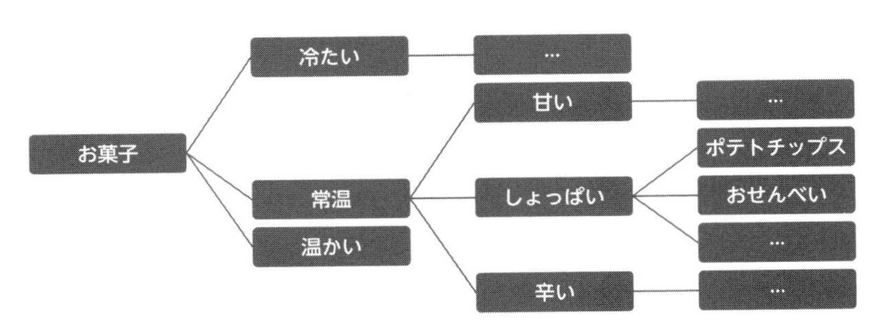

図7-10　決定木によるお菓子の分類

機械学習としての決定木では、この例の温度や味に相当する判定要素自体が自動的に抽出されます。このため、その要素を見直すことで、実は人手によるモデル化ができるということもあるかもしれません。

筆者はかつてある成績データを分析し、数十個の科目の中で特定の2つの科目における単位取得の有無が、留年・退学の危険を察知する決定木の上流で大きな影響を及ぼしていることを見いだしたことがあります。本来はデータ分析で抽出すべきところでしょうが、決定木によってその影響をそのまま分析できるということでもあります。

これも同様に Iris Dataset に対して適用してみましょう。ここでは「Multiclass Decision Forest」ブロックを用います（**図 7-11**、**図 7-12**）。

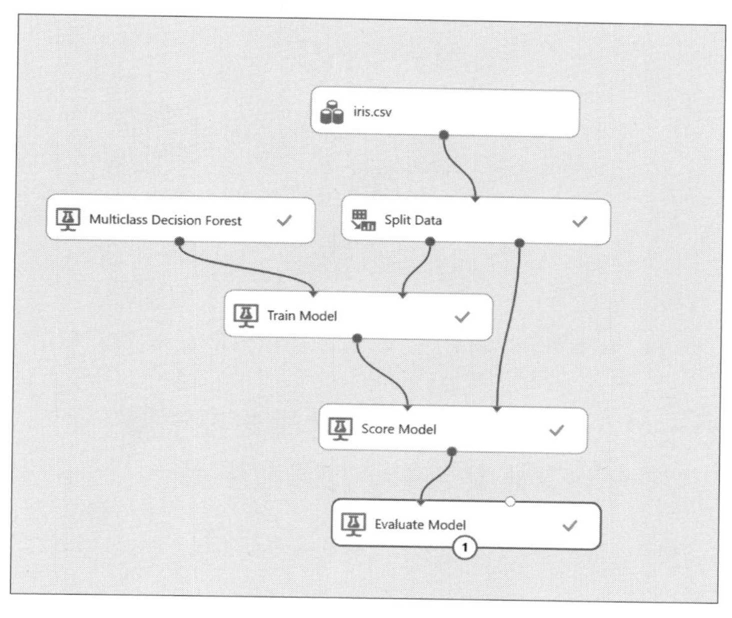

図 7-11　Iris Dataset に対する Multiclass Decision Forest による分類処理

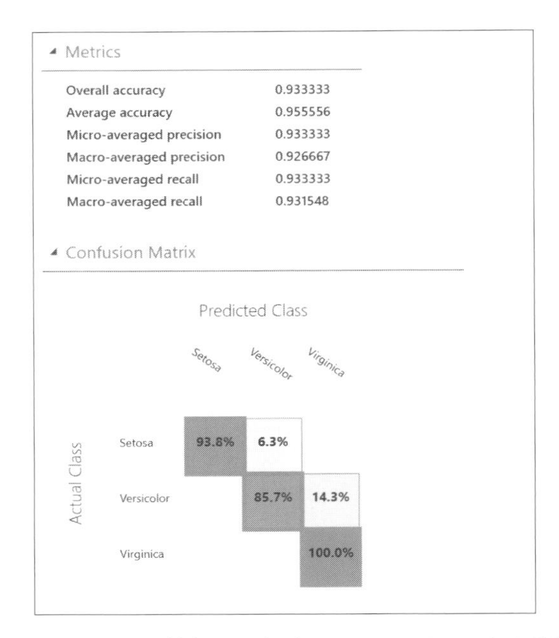

図 7-12　Iris Dataset に対する Multiclass Decision Forest による分類結果

7.6 「カップの振動」に対する教師あり学習 ～スマートフォンを用いた擬似手品～

手品の一種に、相手の選んだものを当てるというものがあります。ここでは教師あり機械学習の分類を用いて、擬似的にこのような手品を実現してみます。

ここでの想定は、カップの中身が「空」か「乾電池が入っている」か「ぬいぐるみが入っている」のいずれかを当てる簡単なものとします（**図 7-13**）。

図 7-13　紙コップの中身は？

ここでは音の変化によって中身を当てることにします。具体的にはスマートフォンのバイブレーション機能を用いて対象を振動させ、そのときの音をマイクで計測（録音）します。音＝振動は物体によって変化するので、この変化を機械学習によって学習、分類して中身を当てます。

7.6.1 データ計測

スマートフォンの上に紙コップを置き、スマートフォンのバイブレート機能で本体を振動させながらマイクで音を録音します。録音は一般的な録音周波数である 44.1 kHz で 3 秒間行います。これを一定サイズ（0.1 秒）ごとに区切って、音圧を正規化した上でパワースペクトルを求めます。

得られたパワースペクトルのうち、先頭から 1,024 個ずつを取り出して機械学習をしてみます。同一条件による正しくない正答（違う条件で合致してしまう）を避けるため、3 つのパターンそれぞれを別に 2 回ずつ計測することとしました。計測をやり直せば、時間的にも異なり、置き場所も少しずれることで、そういった不適切な認識を軽減できると考えました。

このような作業は手動でも可能ですが、大変手間がかかります。このための Android アプリを本書のサポートページで公開しています。

このための Android アプリとして「IoT Magic」を本書のサポートページで公開しています。

具体的な使い方は以下のとおりです。詳細はサポートページおよび付録 A.1「付属アプリ『IoT Magic』について」を参照してください。

1. 「FILE OPEN」で保存先を指定する
2. カップの中を空にする
3. answer 欄を「empty」、count を例えば「10」などとして「SAVE START」をタップ
4. 上の動作終了後、カップの中に乾電池を入れる
5. answer 欄を「cell」、count を例えば「10」などとして「SAVE START」をタップ
6. 上の動作終了後、カップの中にぬいぐるみを入れる
7. answer 欄を「tiger」、count を例えば「10」などとして「SAVE START」をタップ
8. アプリを終了

最後に、終了後に得られるファイルを Azure Machine Learning Studio（classic）に送ります。

7.6.2 Azure Machine Learning Studio（classic）による教師あり機械学習

得られたデータを用いて機械学習をします。このときの処理を**図 7-14** に示しますが、ここでは「Multiclass Decision Forest」というモデルを用いています。

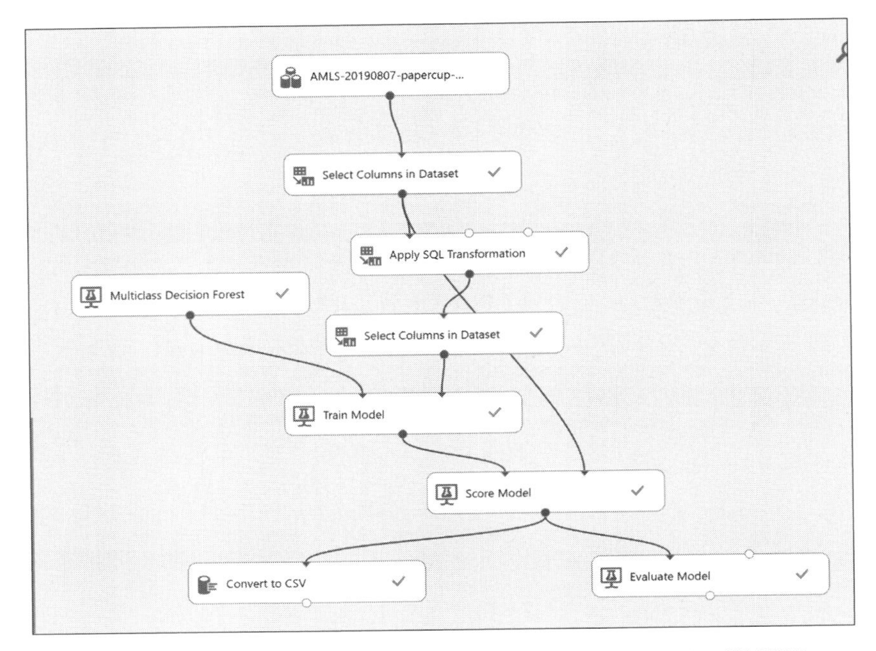

図 7-14　Azure Machine Learning Studio（classic）による教師あり機械学習

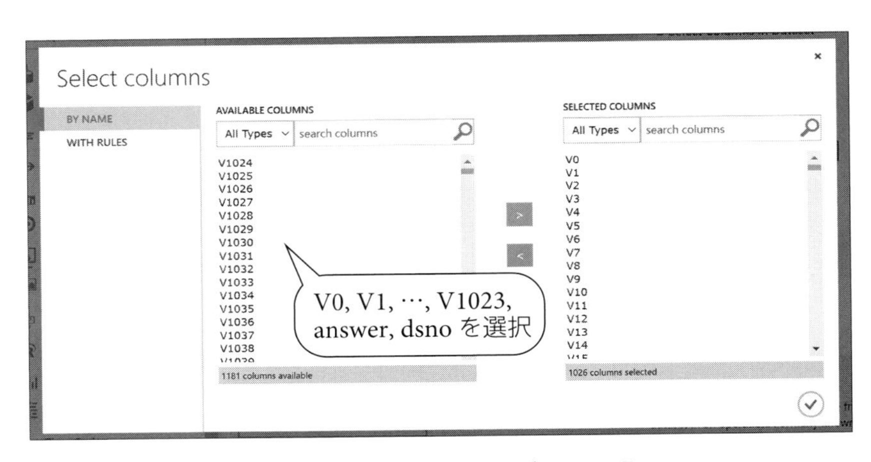

図 7-15　図 7-14 に対する Select Columns in Dataset

　このときの認識結果は**図 7-16** のとおりです。空かどうかの識別は高い精度で識別できている一方で、乾電池やぬいぐるみが入っているときの識別率はやや低くなっています。この例では単純にランダム分割したデータでテストを行っているので、（そんなことはしないと思いますが、もしも手品として）実際に使用するとすれば、認識率はもっと低くなると予想できます。振動させる環境を安定させるような工夫が必要となるでしょう。

Predicted Class

Actual Class	cell	empty	tiger
cell	67.7%	13.6%	18.8%
empty	0.2%	99.8%	
tiger	11.9%	19.9%	68.2%

図 7-16 機械学習の結果例

7.7 教師あり学習による「扇風機の異常」の分類の試み

7.7.1 対象とデータ計測

皆さんが同様・類似の実験を再現できるものとして、100 円ショップ（筆者が購入したのはダイソー）で販売されている扇風機を用いた実験を行ってみます。以下、自己責任でかつ、くれぐれも怪我のないように気を付けてください。

ここで用意した扇風機は**図 7-17** のようなものです。原理的にはどのような扇風機でも構いません。この実験では羽根を傷つけて異常を実現するので、あまり強力ではない、柔らかい素材のものが適しています。電源の変化の影響を考慮し、ここでは安定的に供給できる USB 電源で動作するものを選びました。

図 7-17　実験対象（扇風機）

この例では 5 台を用意し、2 台を故障した状態（後述）にします。1 台で加工の前後で計測するのでも、もちろん問題ありません。ただ、複数個用意できれば、何度も試行し直せるというメリットがあります。

基本的な考え方は、扇風機の前にマイクを置いて録音し、故障の有無や種類によって音の周波数変化に特徴があるのではないか、という仮説に立っています。これは筆者がたずさわっている産学共同研究で用いている手法と類似したものです。

ここでは**図 7-18** のように 2 台を人為的に「故障」させることにしました。1 台は 4 枚ある羽根の 1 枚を取り外しました。もう 1 台は 1 枚の羽根にはさみで縦に切れ目を入れました。なお、羽根を取り外したほうは思いのほか安定性を欠き、そのまま回転させると転倒してしまいます。再現する場合には切れ目を入れたり、部分的に切り取るくらいにしたほうがよいかもしれません。

いずれにしても製造・販売元の想定する使用方法ではなく、筆者も責任は一切とれませんので、利用者の責任で実施してください。また、過負荷になると思われるので、実験時以外には絶対に動作させないようにしてください。

図 7-18　2 台の扇風機の羽根を破壊

このようにした扇風機の音を、筆者はスマートフォンで録音することにしました。スマートフォンにマイクを接続し、**図 7-19** のように設置します。ここでは外側を段ボール箱で覆っています。これは空調などの周囲の騒音（ノイズ）の影響を小さくするためです。ちなみにここで用いた覆いは、以前に 3D プリンターの騒音を抑制するために用いたもので、内側にはスポンジ状の吸音材を貼り付けてあります。周辺の音にある程度配慮しておけば、覆う必要はないかもしれません。

図 7-19　マイクの設置

扇風機を動作させ、44.1 kHz で約 5 秒間ずつ 20 回、録音します。録音したデータは冒頭部分に物理的な影響と思われる特徴的な波形が発生していたので、0.1 秒分のデータを削除します。その上で 0.1 秒間ずつデータを切り出して 1 つのデータとします。この切り出しは 0.05 秒ずつずらしながら行います。このあたりは長さなどをいろいろと調整してみると面白いでしょう。

各データは音圧を正規化した上でフーリエ変換をして、パワースペクトルを求めます。正規化する理由は、扇風機とマイクとの距離が必ずしも完全に一致させるような精密な設置をしていないからです。音量は距離に反比例するので、距離が変化すると音圧も変動します。正規化はその影響を取り除くための前処理として行いました。

録音からパワースペクトルの算出までの処理を手動で行うことも可能ですが、本書のサポートページではそのための Android アプリを公開しています。このアプリでは一連の録音データのパワースペクトルを 1 つの CSV ファイルに出力するようにしてありますので、そのまま Azure Machine Learning Studio（classic）へインポートできます。

7.7.2 機械学習

ここでは**図 7-20** のように単純に得られたデータをランダムに分割し、片方をトレーニングデータ、もう片方をテストデータとする方法で簡易的に評価してみます。データの計測手順については 7.6.1 項を参照してください。

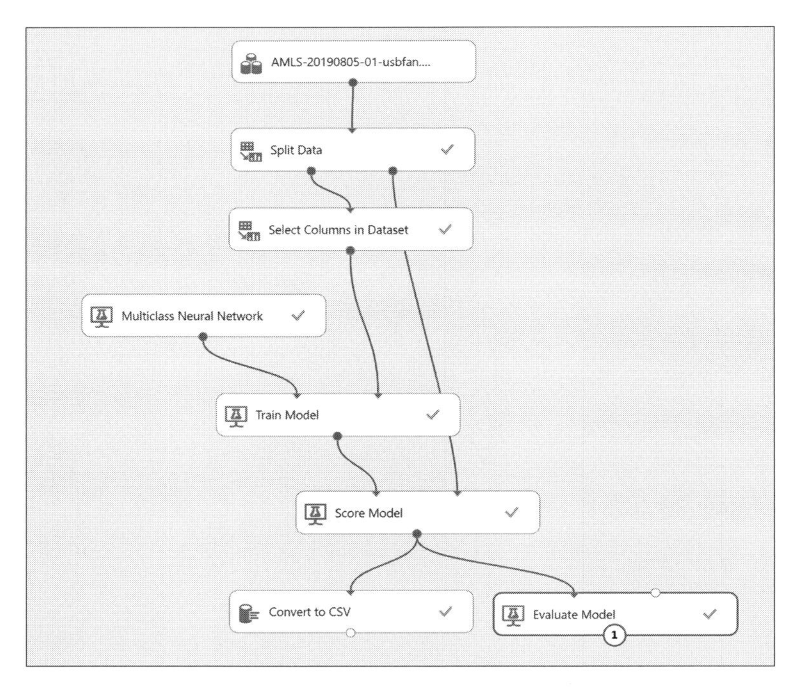

図 7-20　扇風機に対する Classification 処理の例

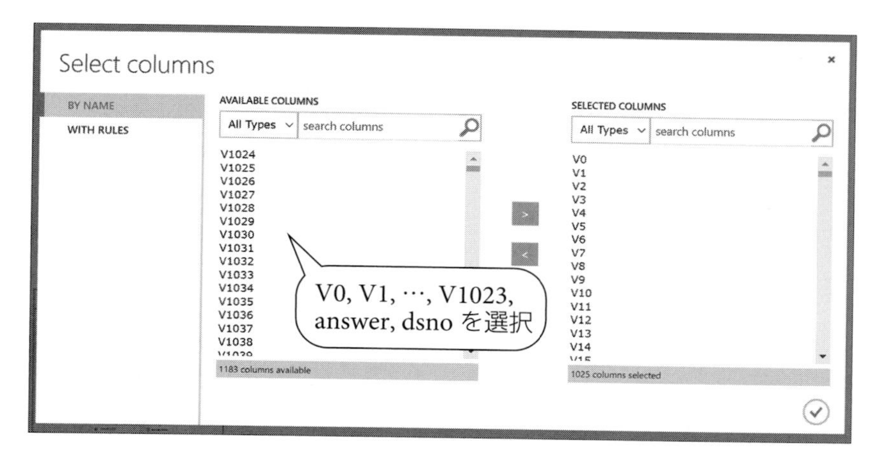

図 7-21　図 7-20 に対する Select Columns in Dataset

隠れ層を「1024,1024,1024」、繰り返し回数を「5000」としたときの結果例を**図 7-22** に示します。ここで「cut」は羽根に切れ目を入れた扇風機、「threefan」は羽根を 1 枚取り除いた扇風機、「normal」は残り 3 台を示しています。1 セットのデータをランダムに分割しただけなので、ある程度高い精度で認識できるのは想定されますが、それでもパラメーターが適当でないとまったく正答できないこともありますので、それなりの精度で分類できていることがわかります。

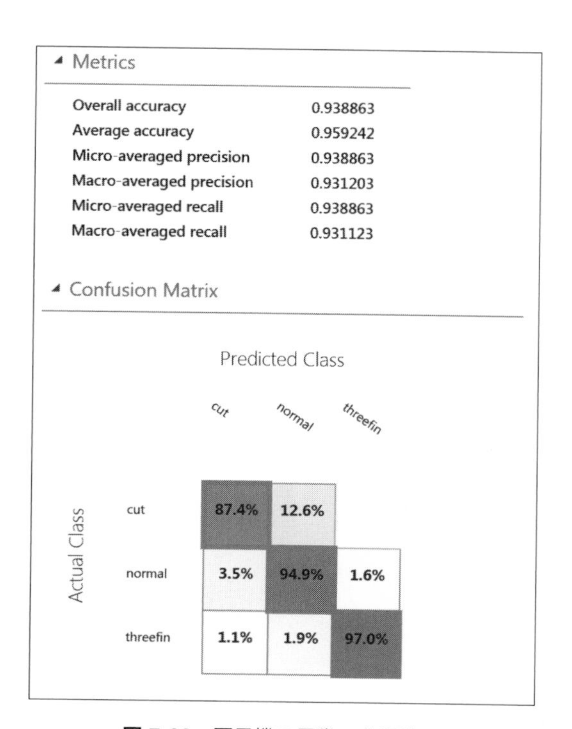

図 7-22　扇風機の異常の分類結果

本章では実際の機械学習処理の最初として「分類」について説明しました。「分類」はクラス分けのようなものであり、機械学習の中でも最もイメージしやすい内容であると考えます。

Azure Machine Learning Studio（classic）上でも「分類」での処理方法を習得できれば、ほかの方法もそれに類似していますので、まずはこの部分をしっかりとご理解いただければと思います。

Chapter 8

AIの試行2：数値予測（回帰）

8.1 教師あり学習による回帰とは？

「回帰（Regression）」は、データに連続性を見いだす分類といえます。

「回帰」でできることを「分類」と比較してみましょう（**図 8-1**）。ここに解答が「1」「2」「3」「5」となるトレーニングデータがあります。このデータでトレーニングした結果を用いて、テストデータの推定をしたとします。

当然ながら、「分類」での推定結果はすべて「1」「2」「3」「5」のいずれかです。

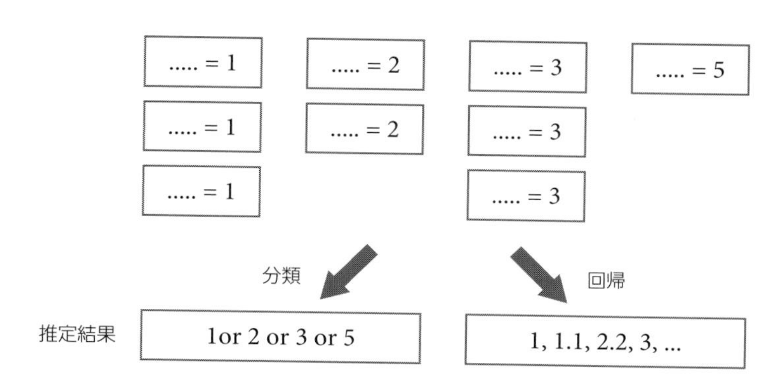

図 8-1　分類と回帰

これに対し「回帰」では、「1」「2」「3」「5」ももちろん出てきますが、「1.1」「4」などのトレーニングデータに含まれていない結果も得られます。このように、正答データに連続性を想定あるいは補うのが回帰です。

8.2 サンプルデータの計測　～グラスの水位～

この章では技術データの例として、グラスの中にある水の高さ（水位）を推定することを考えます。第7章で試みた擬似手品と同じ仕組みを用います。

図 8-2 のようにスマートフォンの上に水を入れたグラスを置きます。皆さんが再現実験をする際には、水の扱いに留意した上で自己責任で実施してください。筆者は一切の責任をとれません。グラスが濡れていたり、転倒して水をこぼしたり、スマートフォンを破損したりする恐れがあります。

図 8-2　グラスを用いた実験方法

水位を定規などで逐次計測してもよいですが、ここではグラスに目盛を記入しました。目盛のある計量カップを用いるのもよいでしょう。

ここでは水位のバリエーションとして「0, 2, 4, 5, 8, 10 cm」で録音しました。このうち、「0, 2, 5, 10 cm」をトレーニングデータとし、「4, 8 cm」をテストデータとすることにします。

8.3 決定木による水位の推定

前節のデータに対して機械学習を用いて水位を推定してみましょう。水位は連続量なので、Regression の出番です。まずは決定木（Decision Tree）で推定してみます。このときの処理構造は**図 8-3** のようになります。

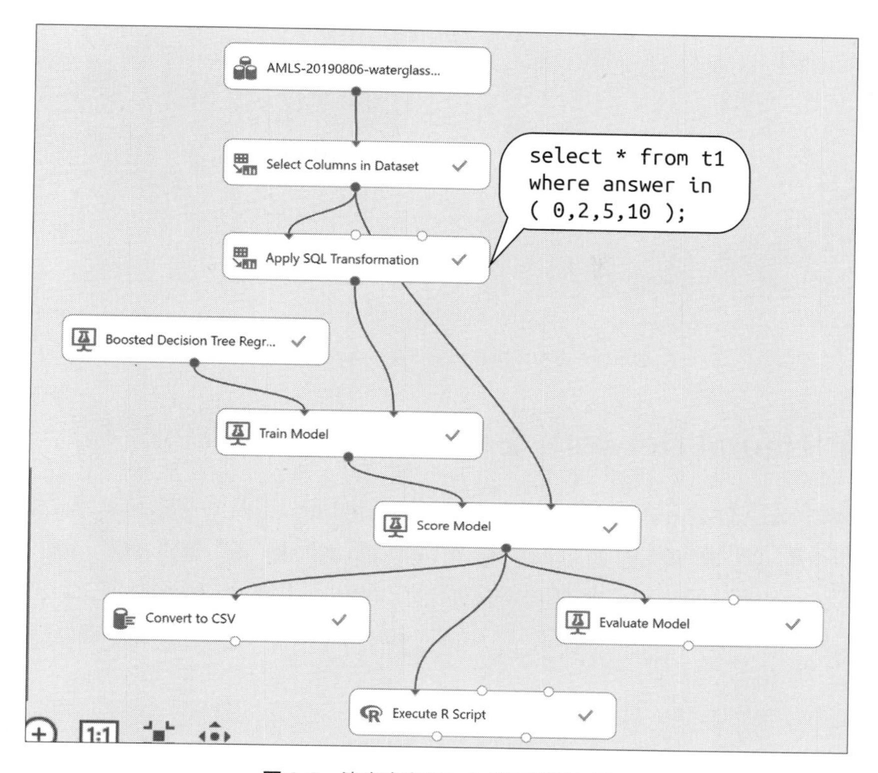

図 8-3　決定木を用いた推定処理の例

この例ではパワースペクトルの先頭から 1,024 個を用いました。このため、「Select Column in Dataset」で指定しています。「Machine Learning」→「Initialize Model」→「Regression」→「Boosted Decision Tree Regression」ブロックでは「Maximum number of leaves per tree」を「100」、「Total number of trees constructed」を「500」としてみました。また同じデータに含まれる中から 4 cm、8 cm 以外をトレーニングデータとするため、「Apply SQL Transformation」を用いています。一方で推定に用いるテストデータはすべてのデータを対象としています。

推定結果は**図 8-4** のようになりました。かなりばらついていますが、平均値をとってみると、4 cm に対する推定は 3.02 cm、8 cm に対する推定は 7.92 cm となっています。水位が低いとグラスの下端の形状が円筒でないので、その影響が出たものと推測できます。一方で水位が高いとその影響が小さくなり、精度が高くなっていると考えられます。また、グラフを見ると、4 cm に対する推定では前半に特徴的な減衰傾向が見られるので、データに何かノイズが含まれていたのではないか、と推定できます。このように、本来は傾向の出るべきでないところに傾向が出た場合には、データを疑ってみることも必要かもしれません。

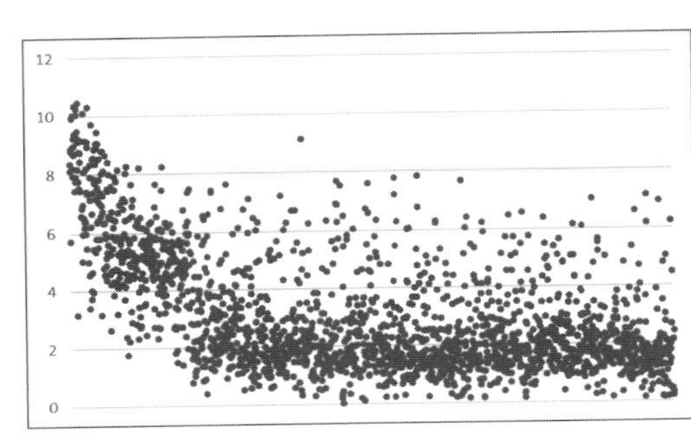

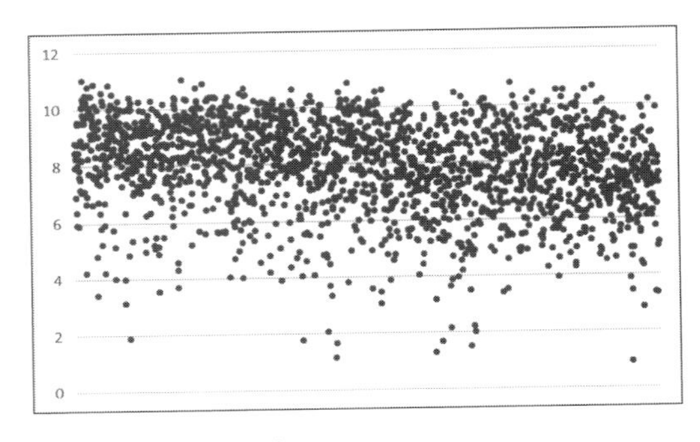

図 8-4　水位の推定結果（左 4 cm、右 8 cm）

8.4 Neural Network を用いた水位の推定

同じ処理を Neural Network で行ってみます。Azure Machine Learning Studio（classic）上での処理の実現としては、**図 8-5** のように Decision Tree の場合とほぼ同じです。ここでは「Machine Learning」→「Initialize Model」→「Regression」→「Neural Network Regression」を用いますが、それ以外は同じです。

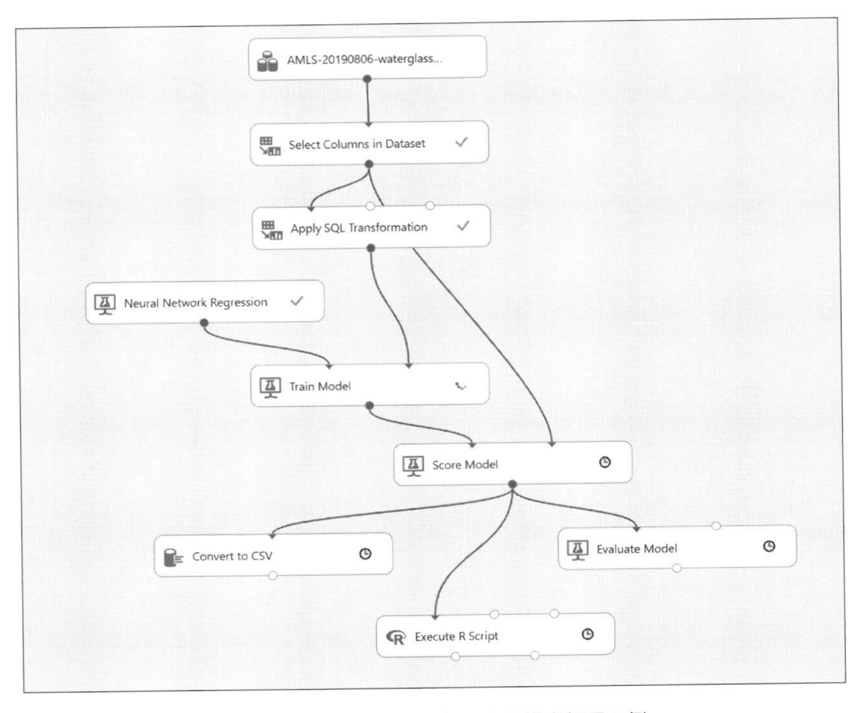

図 8-5　Neural Network による推定処理の例

図 8-6 にその推定結果を示します。4 cm に対する推定はこの例ではあまりうまくいっていません。それでも平均値は 5.2 cm となっているので、チューニングするか、もう少し低い水位のデータを増やせば改善しそうです。8 cm に対する推定は 4 cm よりは安定的で、平均値は 9.8 cm でした。これもデータ量を増やせば改善しそうです。いずれも簡易な試行を前提にした少ないデータ量で試していますから、あまり良い精度ではありませんが、可能性はありそうだな、と当たりはつけられるのではないでしょうか？　少なくともまったく見込みがないわけではなさそうです。

本書の位置付けはこういった試行を手軽に行うところにあります。当たりがありそうであれば、チューニングに試行錯誤したり、データ量を増やしたりといった段階的な進行が可能です。

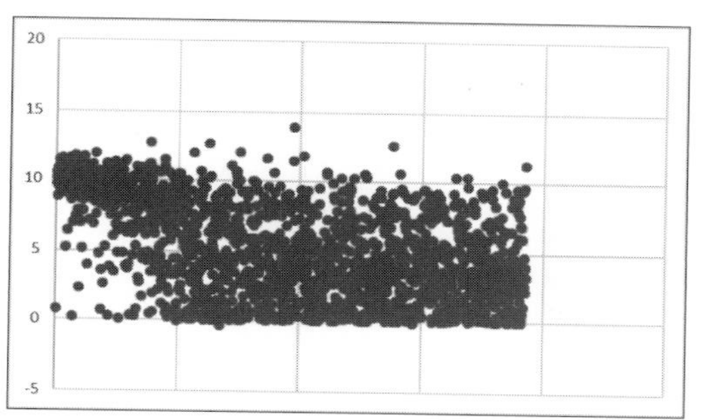

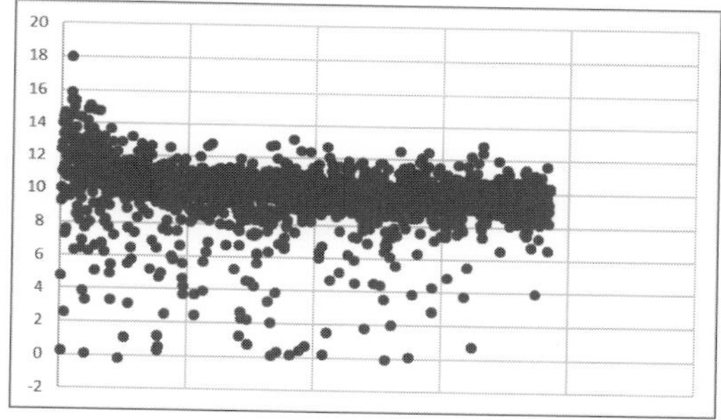

図 8-6　Neural Network による水位の推定結果（左：4 cm、右 8 cm）

8.5 具体例：社会データ「地目別平均地価」に対する教師あり学習

少し毛色の違う例として「工場立地動向調査」[19] を用いてみます。筆者は社会学についてはまったくの専門外なので、あくまでも「データ遊び」としてお考えください。このデータに含まれている「地目別平均地価」に着目します。このデータには各都道府県の項目（合計、内陸、準臨海、臨海）別の地価が提示されています。この地価を推定してみようという試みです。

まずは 10 年間分（1998 ～ 2008 年、2006 年を除く）をトレーニングデータとします。これで予測できるはずもないという例として、年度と都道府県と項目名だけで平均地価（合計）を推定してみます。そのためのデータは [10] で検索・ダウンロードするとよいでしょう。年度ごとにデータをダウンロードするしかなく、さらに必要なファイルを抽出して Excel 上で結合するしかないので、やや手間がかかります。

このときの処理の例は、**図 8-7** のようになります。

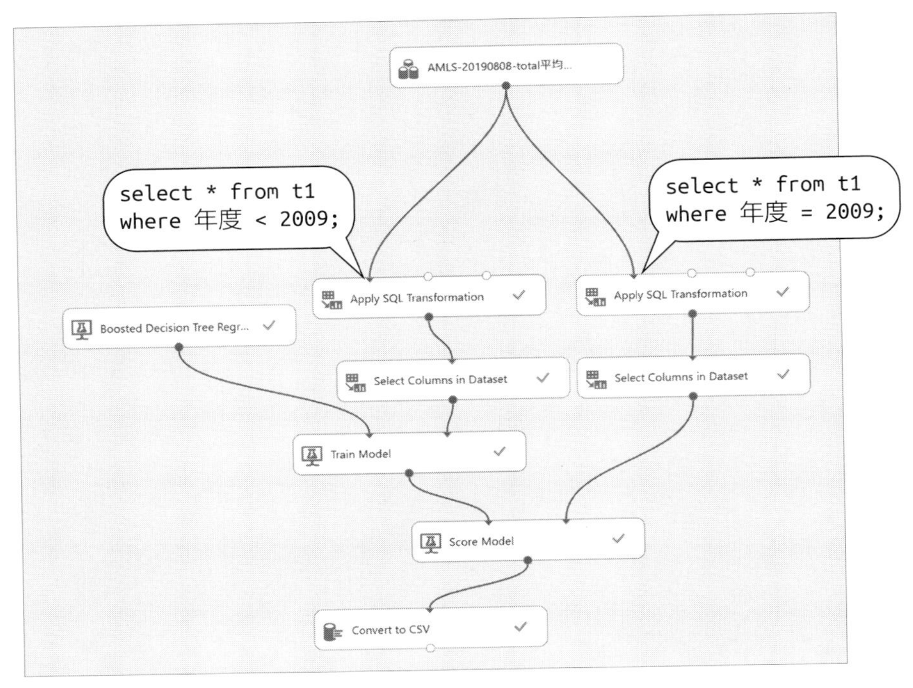

図 8-7　単純にそのまま行う推定処理の例

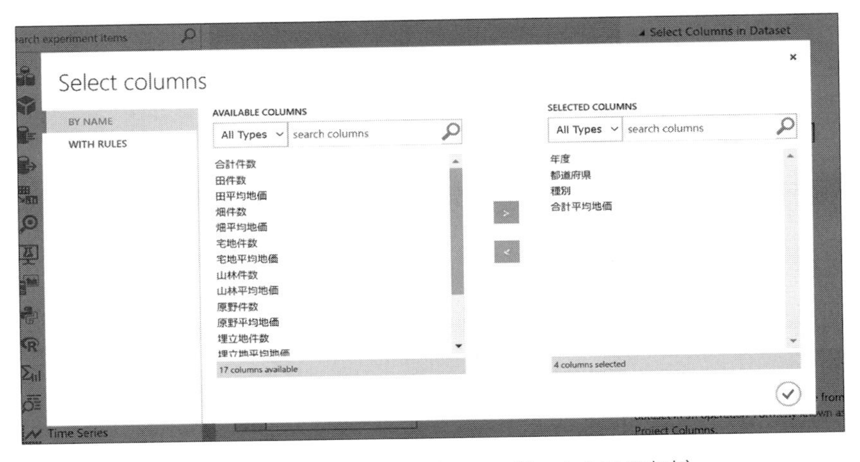

図 8-8　Select Columns in Dataset（2つとも同じ内容）

推定結果を横に並べてみたものを**図 8-9** に示します。予想外に（？）波形は少し似ていますが、個々を見てみるとほとんど合致していないようです。相関係数を求めてみたところ、「0.190636」となりました。

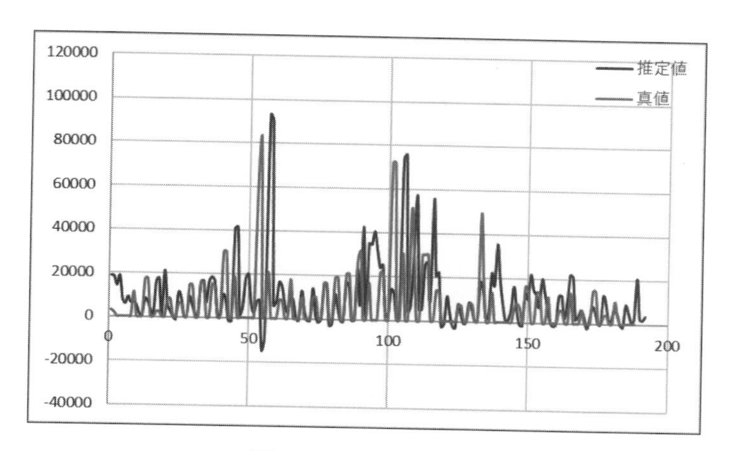

図 8-9　地価の推定結果

これに対し、同じデータセットに含まれている「資本金規模別立地件数・敷地面積」を結合してみることにしました。立地が増える＝需要増によって価格は上がるのではないか、という考えに基づいています。このときの処理の例を**図 8-10** に示します。「Join Data」ブロックを用いて、年度・都道府県を使ってデータを結合してみました。

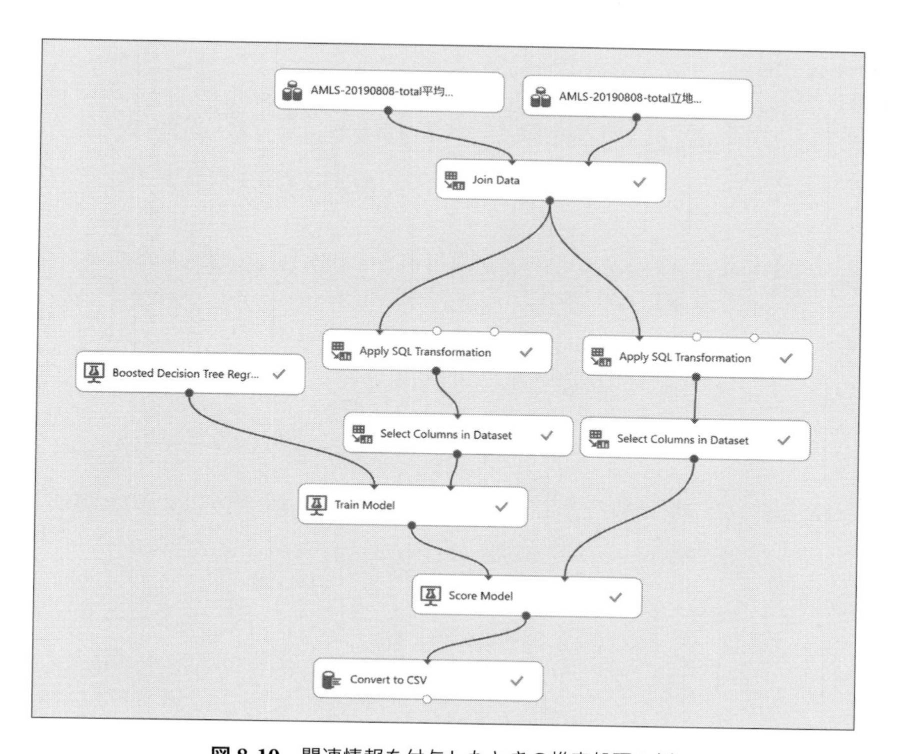

図 8-10　関連情報を付与したときの推定処理の例

このときの推定結果を**図8-11**に示します。当然、この程度の処理では正しく推定できているとはいえませんが、前の例よりは波形の類似性が増しているようです。相関係数は先の「0.190636」から「0.562935」まで向上しました。

あくまでも実データを使ったトレーニングでしかありませんが、このような試行をGUIのみでできるという証拠にはなっているのではないでしょうか？

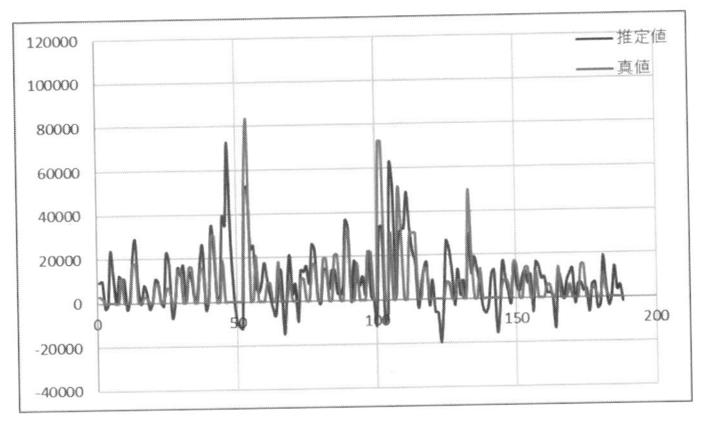

図8-11　データを結合して行った地価の推定結果

本章では「回帰」について説明しました。前章の「分類」ではトレーニングデータに含まれていない答えは出せませんが、「回帰」ではデータに連続性を持たせているので、トレーニングデータにない答えを出すことができます。このため、連続的な量を扱うような場合に適しています。

一方でその理解は必ずしも容易でない面があるかもしれません。離散的でない、続いている数値が答えとなるデータだったら「回帰」を検討する、というようにすれば最初はよいのではないでしょうか。

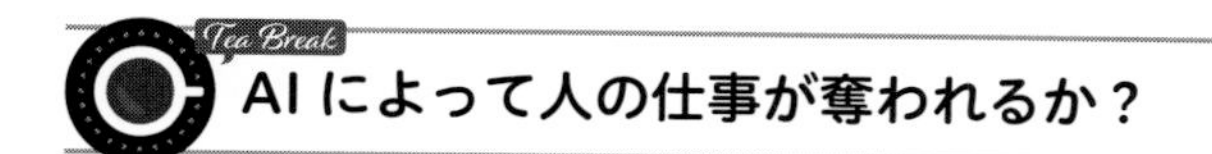

AI によって人の仕事が奪われるか？

近年の AI ブームに伴い、「AI の登場で仕事が奪われる？」といった記事が散見されます。その論調はおおよそ以下のようなものが多いようです。

- 3 回目の AI ブームが来た
- この AI はすごい
- 単純知能労働は AI のほうが優れている
- 創造性の必要な仕事や責任をとることは AI ではできない
- これまでの産業革命でも新たな仕事が発生した

AI で消える仕事・消えない仕事・新たな仕事といった考え方です。筆者は社会学者でもありませんし、それらを論じる気はありませんが、筆者の視点は少し異なります。

AI が仕事を奪うのではなく、「AI 支援された」人間が多くの仕事を 1 人でこなしてしまう、結果としてほとんどの職種で放逐される人が多数出ると考えています。これはつまり、これまで 10 名必要だった仕事を、AI を駆使できる 1 名で完了するということです。このとき AI を駆使できない 9 名は仕事を奪われてしまいます。この視点ではほぼすべての職種が該当します。

仮に現在の物流を飛脚で実現しようとしたとします。ものすごい人数の飛脚がいなければ、運びきれないでしょう。しかし、実際には鉄道やトラックによって、現在の就労人数で実現されています。これは飛脚の場合と比べものにならないくらい少ないでしょう。鉄道やトラックと同じように、AI もそこにたずさわる人数を大幅に削減すると考えるのです。

次の問題点は、新しい仕事が生まれるかもしれませんが、仕事を奪われた人がその仕事に就けるのか、ということです。全体としてはいくらそれが正しくても、個人にとっては各自の問題です。その新しい仕事に就けなければ困ります。これについては最近、リカレント教育（学習）という考え方がよく示されるようになっています。これまでのように幼児期からひととおりの教育を受けて完了とするのではなく、定期的に学び直すという考え方です。

筆者は新しい義務教育制度として、例えば 10 年ごとに 1 年間ずつ、学び直す制度を作ってはどうかと考えます。そうすれば新しい仕事に就けるということだけでなく、社会を大きく短期間で改変することができるようになると考えるのです。

上記のように AI 支援された個人の能率は大幅に向上しますから、総量として仕事が足りるのか、という疑問もあります。社会問題を論じることは本書ではありませんが、読者の皆さんには AI 支援を駆使できる側の人材になっていただけるように、本書の内容で応援できればと考えています。

Chapter 9

AI の試行 3：グルーピングと異常検知

9.1 教師なし学習とは？

クラスタリング（Clustering）とは、データを 2 つ以上のグループに分けることを意味します。**図 9-1** に示すようなデータがあったとき、ほとんどの人は**図 9-2** に示す枠線のようにグループ分けするでしょう。これはデータ間のいわば距離の近さを基準に、集まり具合による分割が行われたと考えられます。

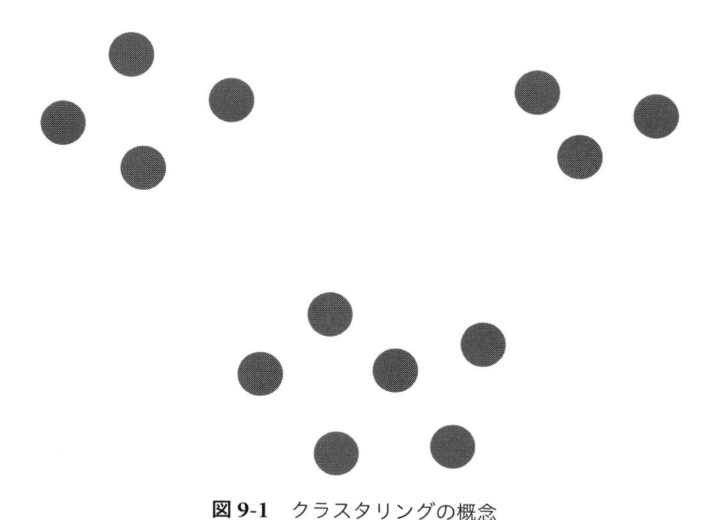

図 9-1　クラスタリングの概念

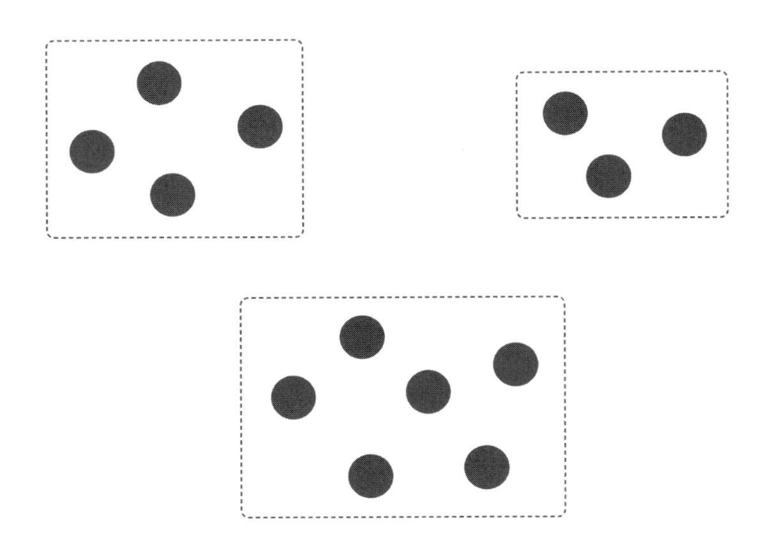

図9-2　人間が行うであろうクラスタリングの例

クラスタリングでは多次元のデータに対し、何らかの距離基準を前後させながら、適切な個数のグループに分けます。

クラスタリングが有効なデータとしては、多数の要素を有するデータが代表的です。平面グラフにプロットできるようであれば、先ほどの例のように人手でもクラスタリングできてしまいそうです。

異常検知（Anomaly Detection）は、クラスタリングの特化した利用といえます。クラスタリングをしたときに、特定のデータがグループに属さない（遠すぎる）としたら、このデータは異常だ、といえるでしょう（**図9-3**）。

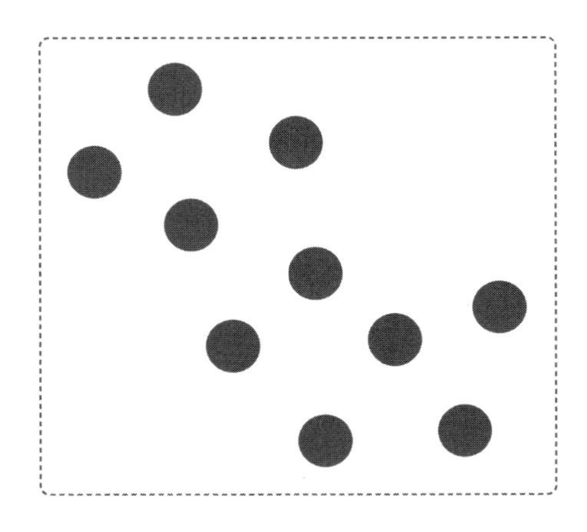

図9-3　異常検知の例

異常値を事前に用意できない対象について、教師なし学習による異常検知の手法が適しています。例えば機械の故障を予見する場合、その機械を実際に壊してみてデータをとるというのは困難でしょう。壊れ方も多種多様ですから、さまざまな壊し方すべてを何度も試行するというのは金銭・時間コスト的に難しいでしょうし、組み合わせまで考えるとそもそも実施不可能です。

筆者が共同研究で試行した例としては、斜面の地すべり予測があります。聞くところによれば、斜面は一度地すべりしてしまうと資産価値がぐっと落ちてしまうそうです。このため、実際に斜面で地すべりを起こしてみるというのは、そう易々とは実験できません。また、実際に監視対象とする斜面を崩してしまうのでは本末転倒です。そのため、特定の斜面での地すべりを予見するための研究では、異常検知に有効性が見いだされました。異常検知の考え方で、正常時のデータだけを用いて地すべりを予見できるのではないか、と考えたわけです。

異常検知には、異常値を含まないデータで学習するパターンと、異常値を含むデータで学習するパターンとがあります。教師なし学習としては前者のほうがわかりやすいですが、得られるデータによってはできないこともあります。またデータ量の問題もあるかもしれません。異常値を排除できる場合でも、排除した正常値だけのデータ量が少なくなってしまうとうまく対応できないことは、容易に想像できます。

筆者が機械学習を用いたある例では、初期状態＝正常と考えられました。そのため、この初期状態で計測したデータでトレーニングを行い、データ全体に対して異常値の算出を行いました。別の例はリアルタイム性のある対象でした。研究は事後に行っているので、データ処理上は異常値を区分できますが、それは実際にはできないこと（いわば未来予測）です。このため、異常値が含まれるデータでトレーニングを行いました。

後者のような場合、そのままでは異常検知が難しいことがあります。考えられる施策としては、明らかな異常値だけでも削除する、統計的な性質を利用する、といったことが考えられます。筆者が行った前掲の例でいえば、算出される異常値に対し、判別するためのしきい値をどのように設定するかという問題がありました。これに対し、統計的に先見情報として得られている特性からしきい値を決定しました。具体的には、異常値の割合がわかっていれば、そこから異常値に対するしきい値を設定可能です。

いずれにしても、Azure Machine Learning Studio（classic）上での構造は基本的に同じです（**図9-4**）。

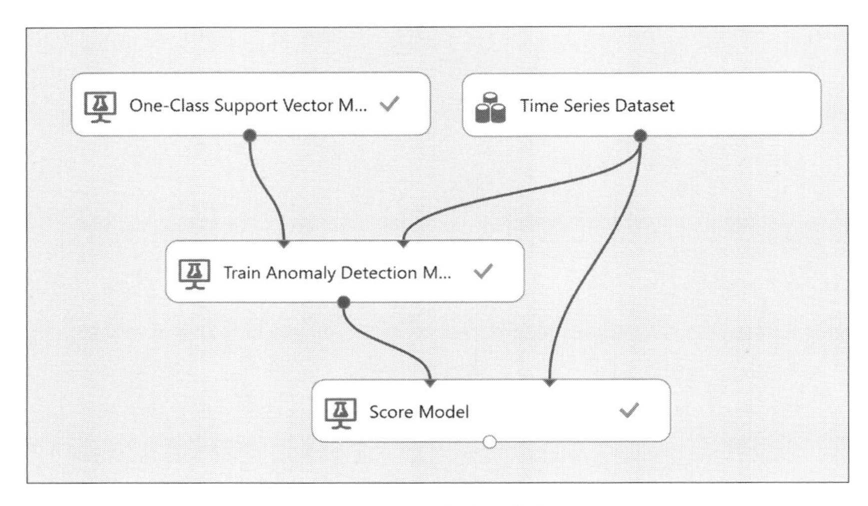

図 9-4　異常検知の構造

基本的な構造自体はトレーニングデータありの場合と同じです。トレーニング用データとテスト用データをそれぞれ用意しています。

9.2 サンプルデータ Iris Dataset に対する *k*-Means によるクラスタリング

ここでは Azure Machine Learning Studio（classic）に用意されているサンプルの Experiment を用いてみましょう。Experiment を追加する手順で「Clustering: Group iris data」を選択すると、外部データとして Iris Dataset を読み込んでクラスタリングする例（これにはロジスティック回帰による推定例も含まれています）が用意されます。

なぜかそのままだと 2 つにクラスタリングされるようになっているので、「K-Means Clustering」の「Number of Centroids」を「3」に変更してから実行します（**図 9-5**）。

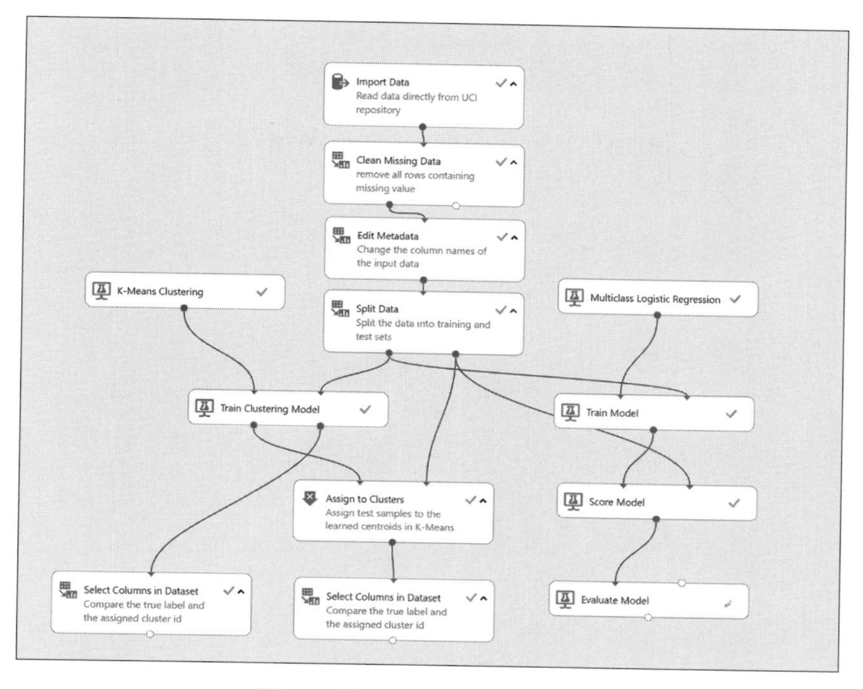

図 9-5　Clustering：Group iris data

「Assign to Clusters」ブロックの出力を見てみると、**図 9-6** のようになっています。

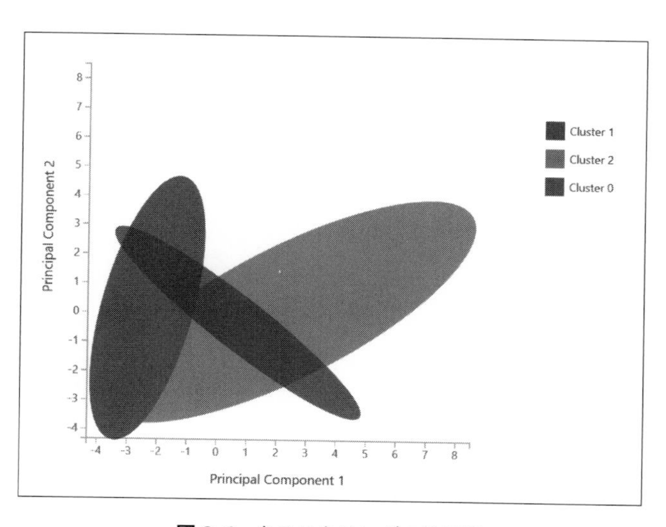

図 9-6　クラスタリングの結果例

また「Select Columns in Dataset」も見てみると、3 種類のアヤメの種類にそれぞれ「0」「1」「2」の値が割り振られていて、おおよそ（すべてではないですが）正しく分類されている様子が確認できます（**図 9-7**）。

Label	Assignments
Iris-setosa	1
Iris-setosa	1
Iris-virginica	2
Iris-virginica	2
Iris-setosa	1
Iris-versicolor	0
Iris-virginica	2
Iris-setosa	1
Iris-versicolor	0
Iris-virginica	2
Iris-setosa	1
Iris-setosa	1
Iris-virginica	2
Iris-setosa	1
Iris-setosa	1
Iris-virginica	2
Iris-setosa	1
Iris-setosa	1

図 9-7　クラスタリング結果の数値割り当て

9.3 具体例：社会データ「ICT サービスの利用動向」に対するクラスタリング

もう少し具体的なデータを対象に試してみましょう。ただし、あくまでも実データを用いた「遊び」とお考えください。以下の例は、実際の社会データ処理として適切かどうかという視点では考えていません。

総務省が公開している社会データ「平成 30 年版 情報通信白書」の中から、「主なメディアの利用時間と行為者率」を取り上げます。

図 9-8　情報通信白書「主なメディアの利用時間と行為者率」[20]

このデータは 10 代から 60 代までの各世代について、2013 ～ 2017 年のそれぞれの平均利用時間と行為者率を示しています。対象は「テレビ（リアルタイム）視聴」「テレビ（録画）」「ネット利用」「新聞閲読」「ラジオ聴取」の 5 種類です。

ここでは時間に着目し、これらのメディアの利用形態と世代に特徴があるのではないか、と考えたとします。そして世代をまたいだ類似性があるのかどうかに関心を持ったとします。

データ量も少ないですが、このデータをクラスタリングでまとめてみましょう。

まずデータをダウンロードします。これを Excel で見てみると、**図 9-9** のようになっています。筆者もときどきやってしまいますが、いわゆる Excel をお絵かきツール的に使っています。わかりやすいのですが、データベース的な利用という観点で見ると、無駄な行があったり、セルが連結されていたりして、そのままでは利用できません。

	A	B	C	D	E	F	G	H
1	図表5-2-5-1 主なメディアの平均利用時間と行為者率							
2								
3	〈平日1日〉							
4			平均利用時間（単位：分）					
5			テレビ（リアルタイム）視聴	テレビ（録画）	ネット利用	新聞閲読	ラジオ聴取	テレビ（リアルタイム）視聴
6	全年代	2013年	168.3	18.0	77.9	11.8	15.9	84.5%
7		2014年	170.6	16.2	83.6	12.1	16.7	85.5%
8		2015年	174.3	18.6	90.4	11.6	14.8	85.9%
9		2016年	168.0	18.7	99.8	10.3	17.2	82.6%
10		2017年	159.4	17.2	100.4	10.2	10.6	80.8%
11	10代	2013年	102.5	17.9	99.1	0.6	0.1	75.9%
12		2014年	91.8	18.6	109.3	0.7	0.2	73.6%
13		2015年	95.8	17.1	112.2	0.2	2.6	75.9%
14		2016年	89.0	13.4	130.2	0.3	3.5	69.3%
15		2017年	73.3	10.6	128.8	0.3	1.5	60.4%
16	20代	2013年	127.2	18.7	136.7	1.4	3.6	74.7%
17		2014年	118.9	13.8	151.3	2.4	9.4	72.4%
18		2015年	128.0	15.8	146.9	2.1	6.4	77.4%
19		2016年	112.8	17.9	155.9	1.4	16.8	70.3%
20		2017年	91.8	13.9	161.4	1.4	2.0	63.7%

図 9-9　ダウンロードした主なメディアの利用時間と行為者率データ

そこで、**図 9-10** のように手作業で整形します。不要な行・列を削除し、セルの結合を解除して、欠落したセルの中身をコピー & ペーストで埋めました。

	A	B	C	D	E	F	G	H
1	年齢層	年度	テレビ（リアルタイム）視聴	テレビ（録画）	ネット利用	新聞閲読	ラジオ聴取	テレビ（リアルタイム）視聴
2	10代	2013年	102.5	17.9	99.1	0.6	0.1	75.9%
3	10代	2014年	91.8	18.6	109.3	0.7	0.2	73.6%
4	10代	2015年	95.8	17.1	112.2	0.2	2.6	75.9%
5	10代	2016年	89.0	13.4	130.2	0.3	3.5	69.3%
6	10代	2017年	73.3	10.6	128.8	0.3	1.5	60.4%
7	20代	2013年	127.2	18.7	136.7	1.4	3.6	74.7%
8	20代	2014年	118.9	13.8	151.3	2.4	9.4	72.4%
9	20代	2015年	128.0	15.8	146.9	2.1	6.4	77.4%
10	20代	2016年	112.8	17.9	155.9	1.4	16.8	70.3%
11	20代	2017年	91.8	13.9	161.4	1.4	2.0	63.7%
12	30代	2013年	157.6	18.3	87.8	5.8	17.7	83.2%
13	30代	2014年	151.6	15.6	87.6	4.1	5.4	86.7%

図 9-10　手動による整形後のデータ

これを UTF-8 版 CSV ファイルとして保存し、Azure Machine Learning Studio（classic）にデータをアップロードします。

このデータをクラスタリングしてみましょう（**図 9-11**）。

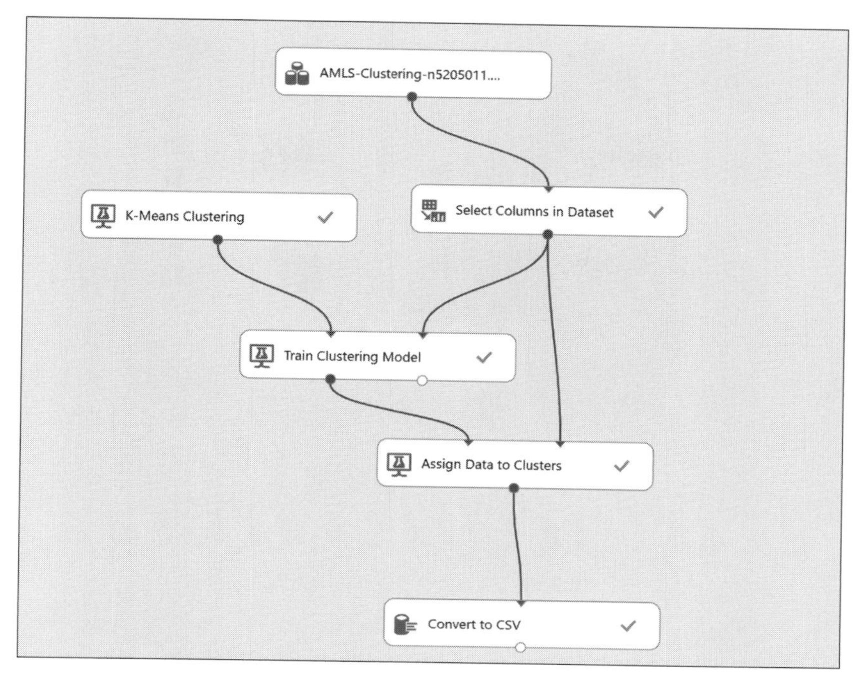

図 9-11　クラスタリングの実行画面

ここで「K-Means Clustering」の「Number of Centroids」を指定します。この例では世代は 10 ～ 60 代までの 6 通りなので「6」としてみましょう。あるいは 2 分するという意図で「2」としてみてもよいでしょう。

「Number of Centroids」を「6」としたときの例は**図 9-12** のようになりました。実体的には 5 つに区分されているようで、世代間で 2 つのクラスターにまとめられたところがあるようです。

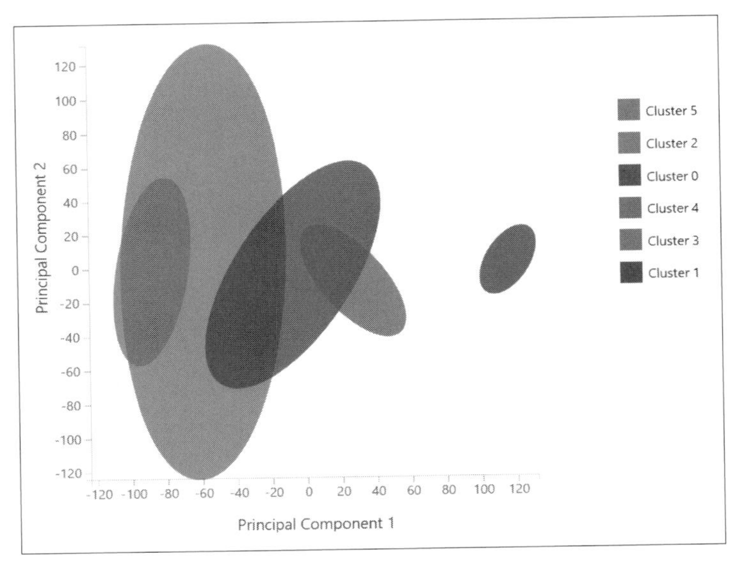

図 9-12　クラスタリングの結果例

9.4 具体例：技術データ「扇風機の異常動作」に対する SVM を用いた異常検知

ここでは回転動作する機械の異常を検知することを模した内容として、扇風機の異常動作を検知してみます。用いるのは 7.7 節で用いた USB 扇風機のうちの 1 台です。

この 1 台の扇風機を動作させ、途中に異常を発生させてみます。筆者は時刻 1000 に転倒して停止、2000 に羽根に物体が衝突、という状態を作成してみました。これも当然ですが、再現する場合には自己責任でお願いします。特に羽根に物をぶつけるのはモーターに異常な負荷をかけることになるので、発火などの恐れがあり、とても危険です。

このときの処理は、**図 9-13** のようになります。この例でもパワースペクトルの先頭 1,024 個だけを用いているので、「Select Column in Dataset」でその範囲のデータのみを指定しています。今回は回答データもありません。

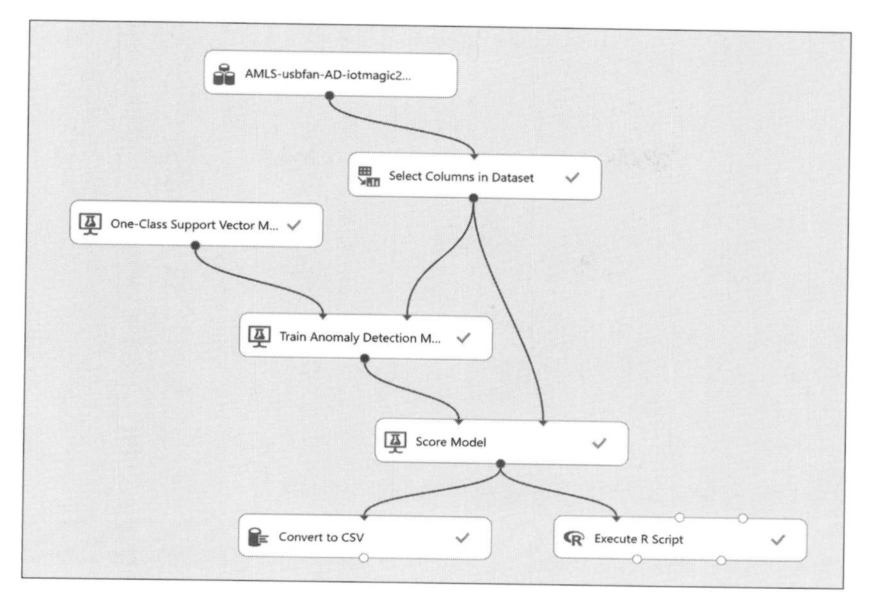

図 9-13　異常検知の処理例

この処理の例では異常値を含む全体を用いて学習し、その結果を用いた異常検知を行っています。そのため、正常値以外も含まれた異常検知となっています。通常であれば、正常値のみのデータでトレーニングを行うことが多いでしょう。

図 9-14 の結果を見てみると、異常値の度合いは全体に 0 ～－ 2 弱の範囲でほぼ一様に存在しますが、時刻 1000 および 2000 の時点で大きな異常値が示されていることがわかります。

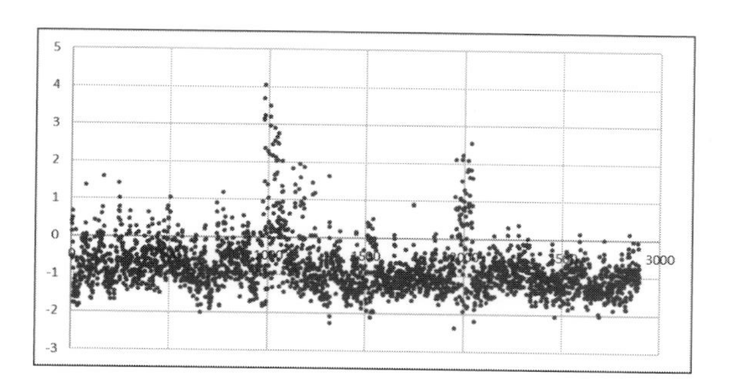

図 9-14　異常検知の結果

例えばしきい値を 2 以上とすれば、正確に異常の発生したタイミングを示唆できそうです。あるいは、移動平均を求めた上でその変化率に注目することでもよさそうです。いずれにしてもこの方法で異常検知ができそうだ、ということがわかります。

本章ではトレーニングデータを用いない、教師なし学習の手法として「クラスタリング」と「異常検知」を説明しました。

「クラスタリング」は「分類」によく似た手法と考えることができます。分類は教師あり学習ですが、「クラスタリング」では推定したいテストデータがトレーニングデータでもあると考えれば理解しやすいのではないかと思います。

「異常検知」も同様に考えてみると、全体と違う変化があった場所を見いだしていると考えることができます。

特に「異常検知」は産業分野での機械学習の導入例も多いようです。実用性という面では特に学ぶ価値のあるところだと考えられます。

Tea Break

エッジコンピューティングへの期待

現状ではAzure Machine Learning Studio（classic）で作成した学習モデルを外部から利用するには第11章で紹介している手法でWebサービスとして展開、アクセスすることになります。

IoTなどでこれを用いる場合、計測データをすべて通信でサーバーまで送信する必要があります。近年では通信費用はずいぶんと低下しているので、例えば工場内ではこのようなアクセス方法で十分に実用性があります。この手法には学習モデルを集中管理できるというメリットもあります。

一方で筆者が研究で携わっている屋外でのインフラ監視システムのような事例では、多数のエッジデバイス（計測・通信装置）を設置するため、通信費用が下がっているとはいえ積算すると多額になってしまいます。それ以上に消費電力の問題も大きいです。

屋外ではいわゆる電源コンセントが得られないことが多いので、乾電池などの一次電池を用いるか、太陽電池などのエネルギーハーベテスティングを活用することになります。いずれも長期間にわたって、できるだけ短い周期で計測するためには、消費電力を下げる必要があります。これに対し、現状の通信方式で大量の計測データをサーバーへ送り届けるためには、どうしても消費電力が大きくなってしまいます。

このため、エッジコンピューティングと呼ばれる手法が期待されます。エッジコンピューティングではエッジデバイスあるいはその近傍の装置でAI/機械学習処理を行うことになりますが、このためには学習モデルを何らかの形で外部出力する機能が必要です。

2020年7月時点でそのような外部出力機能をAzure Machine Learning Studio（classic）は有していません。今後、学習モデルを外部出力する機能が実装されることをぜひ期待しています。

Chapter 10

学習と推定についての評価

本書で最も重要と考えることの1つが「評価」です。筆者はセンシングが専門分野なので、センサーを例にとってみると、従来のセンサーの仕様は例えば計測範囲が 10 cm 〜 2 m で、距離分解能が 1 cm、のように示されています。この仕様には使用条件がありますが、その条件下であれば、この仕様どおりに動作することが保証されています。

これに対し、機械学習の結果は正答率「99%」とか、誤差「1 cm 以内」といったようにはできないところがあります。テストデータに対する推定では「99%」とか「1 cm 以内」ということはいえますが、利用者の用意するデータに対する正答率や誤差を示唆することはできません。

このため、機械学習（AI）について以下のような気持ちにならないでしょうか？

- 漠然とした、信頼に関する不安がある
- 取引先（納品先）や上司に対し、説明できないのではないかという懸念がある

これらの問題を解決するのが評価の理解であると筆者は考えます。

10.1 学習についての評価　〜学習塾を例に〜

機械学習では学習データからモデル（パラメーター）を算定しています。学習データがノイズを含まず、また論理的にも入力と出力が完全に対応するような場合であれば、その入出力関係も1対1に定まります。ですが、そもそもそのような対象であればモデル化したほうがよく、機械学習を用いるメリットは少ないでしょう。

通常、現実的なデータは完全にすべての学習データに対して誤差なくフィットすることはあ

りません。正答率100%とか、誤差0といったことはない、ということです。この入力に対するずれの度合いを表すのが、学習に対する評価です。

機械学習を、1.5節で例として挙げた学習塾で学ぶことをたとえとして考えてみましょう。ここでは学習塾での学びと評価を以下のように単純化します。

- 授業（トレーニング）
  - テキストを用いた塾講師による学習
  - 過去問や類題など、問題集を用いた学習
- 評価1（塾内・授業中のミニテスト）
  - テキスト内の例題や問題集からピックアップした問題による試験
- 評価2（副教材によるテスト）
  - テキストや問題集と同じ出版元による別教材の問題を用いた試験
- 評価3（塾外での模試）
  - 別機関によって用意された問題による試験

まず学習＝トレーニングについて考えてみます。用意された資料に基づいた学習をしています。テキストや問題集がこれに該当し、これは機械学習においてはトレーニングデータといえます（**図10-1**）。

図10-1 学習

評価1は、テキスト中の例題や問題集の問題から（例えばランダムに）ピックアップした問題によって行う試験の結果による評価です（**図10-2**）。授業中のミニテストのような想定です。

この評価は明らかに簡易的なものです。まったく同じ問題を学習プロセスで解いていますので、もしもそのときの答えを覚えていたら、まったく理解できていなくても正解できてしまいます。機械学習ではトレーニングデータに対して推定するような処理がこれに該当します。逆にいえば、これで好成績が出せないようでは駄目だ、ということかもしれません。

図 10-2　評価 1

評価 2 は副教材によるテストです（**図 10-3**）。テキスト等の学習に用いた教材の別教材ですので、当然、作り手は同じで、同じような傾向の似たような問題が出てくると予期できます。それでも評価 1 と異なり、答えの丸暗記では解けないはずです。ただし、表面的に類型化することで回答できてしまうので、理解は不十分でも正解できる可能性があります。

これは機械学習においては、元のデータをランダムに抽出し、トレーニングデータとテストデータに分けて使用することに似ているのではないでしょうか。元は同じセットなので、計測条件等は同一で、ノイズなど外部の影響も均一と期待できます。このため、本来の特徴ではない、何か別の条件によって正解できてしまう可能性があります。

図 10-3　評価 2

評価 3 はその塾ではない、別機関による模試によるテストです（**図 10-4**）。別機関が作成した模試なので、テキストや問題集とは関係がありません。このため、丸暗記や表面的な類型化だけでは正解できないはずで、一定の理解の程度を測ることができると期待できます。

機械学習では、例えば別の日や装置によって計測した別のデータセットをテストデータとすることがこれに相当すると考えられます。

図 10-4　評価 3

当然、評価 1 ～ 3 の点数が高いからといって、本番の試験で良い点数がとれることが保証されるわけではありません。しかし、例題ですら正答率が低ければ、本番の試験で良い点数がとれるはずもありませんし、評価 3 で点数が高ければ、本番でも期待できるといえるでしょう。少なくとも塾に通っているこどもの保護者はそういった観点で見ているのではないでしょうか？

10.2 推定についての評価

前述の学習塾の例にならえば、機械学習の評価は「どのようなデータ」に対して「何点」かということだと考えられます。したがって、データの種類と点数の計算方法とに分けて理解することが可能です。

このような評価のための「点数」には、以下のようなものがあります。

- 正答率（次の節で説明）
- MAE（Mean Aboslute Error）
- RMSE（Root Mean Squared Error）
- RAE（Relative Absolute Error）

Azure Machine Learning Studio（classic）では、主なものとして**表 10-1** のような数値が得られます [21]。

表 10-1 評価指標

対象	指標
分類 Classification	Accuracy Precision Recall F-score AUC Average of log loss Training log loss
推定 Regression	MAE RMSE RAE RSE MZOE Coefficient of determination
クラスタリング Clustering	Average Distance to Cluster Center Average Distance to Other Center Number of Points Maxmal Distance to Cluster Center

最も基本的な正答率に関しては次の節にまとめるとして、ここではそれ以外の中から主要なものを説明します。

MAE（Mean Absolute Error）はその言葉どおり、誤差の絶対値の平均値です。真値と予測値の差の絶対値の平均値を求めたものです。

RMSE（Root Mean Squared Error）もその言葉のとおり、誤差の二乗和の平方根です（[6], [21]）。真値と予測値の差を 2 乗し、その総和をデータ数で除算してから平方根を求めたものです。

このように見てみると、MAE と RMSE は似たような値です。いずれも値が小さければ、予測モデルが真値によりフィットしていると判断できます。

仮にすべての誤差が 1 だとすれば、MAE も RMSE も 1 となります。では、どのようなときに値の差が現れるかを以下の数値例で確認してみましょう。

データ点数が 5 で、誤差が 1 つだけ 10、残りはすべて 1 だとします。このとき MAE は 1 ＋ 1 ＋ 1 ＋ 1 ＋ 10 の平均値で 2.8 となります。これに対し RMSE では 1 ＋ 1 ＋ 1 ＋ 1 ＋ 100 の平均値 20.8 の平方根で 4.56 となります。このように大きな誤差（外れ値）があった場合、RMSE のほうが顕著に数値に表れます。

このように考えると、MAE と RMSE を比較することで外れ値の存在・影響を含めた評価が可能といえるかもしれません。

10.3 正答率とは？

前述の「Accuracy」が正答率です。「正解の割合でしょう、簡単だよ」と思われると思います。そのとおりですが、ここでいう正解・不正解とは何でしょうか？

ここでは色が白か赤かという問題だとします。ここで白を基準に据えます。このとき、起きうる判定は以下の 4 通りです。

- 白を白と判定
- 白を赤と判定
- 赤を白と判定
- 赤を赤と判定

白を基準としていますので、白であることを True（真）とします。この場合、「白を白と判定」を「True を True と判定」したと考えます。同様に考えると、以下のようになります。

- 白を白と判定 = True を True（TP、true positive）
- 白を赤と判定 = True を False（TN、true negative）
- 赤を白と判定 = False を True（FN、false negative）
- 赤を赤と判定 = False を False（FP、false positive）

ここで括弧内は機械学習分野での一般的な呼称です。Accuracy は以下のように定義されます。

$$\mathrm{Accuracy} = \frac{\mathrm{TP} + \mathrm{FP}}{\mathrm{TP} + \mathrm{TN} + \mathrm{FP} + \mathrm{FN}}$$

こう考えてみると、ほかにも正答率に似た計算が可能だとお気付きになるでしょう。

$$\mathrm{Precision} = \frac{\mathrm{TP}}{\mathrm{TP} + \mathrm{FP}}$$

$$\mathrm{Recall} = \frac{\mathrm{TP}}{\mathrm{TP} + \mathrm{FN}}$$

Precision は白を白という正解率、Recall は白と判定したうち正解が白であった正解率といえます。Accuracy 以外に意味がないと思いますか？

10.4 目的に対する達成率

機械学習に注力すると、前述のようなこの分野での標準的な評価指標に目が向きがちです。

例えばAccuracyを高めることに注力することになります。あるいはAccuracyが思いのほか低いので、そこで諦めてしまうかもしれません。これは実態を失念して、機械学習の課題として取り組むようなものです。

それはそれで集中できますし、作業を分担するような場合にも有益な面があると思われますが、本書の想定であるところの、問題解決・応用（アプリケーション）として考えると、正答率の定義が適していないこともあります。正答率が低くても（さほど高くなくても）、有益なこともあり得るのです。逆に正答率がそれなりに高くても実用性がない場合もあるでしょう。

筆者の研究例では、面談コストの削減に注目したものがあります。面談を行う対象人数を減らすことができれば、人的コストが削減できるので価値があると考えたわけです。正答率を純粋な機械学習の結果と見るとそれほど高くはなくても、面談の対象者を絞り込むことで人的コストの削減が有意な規模であれば、それは十分に有益といえます。

要はそれで問題解決としてはどうなのか、という視点を忘れないということが大切です。

10.5 交差検証

10.5.1 交差検証法とは？

ここでクイズです。出力値が0, 1, …, 9である十分な数のあるデータセットをトレーニングデータとテストデータに分けて分類するとします。このとき、意図的に正答率を下げるにはどうしたらよいでしょうか（**図 10-5**）？

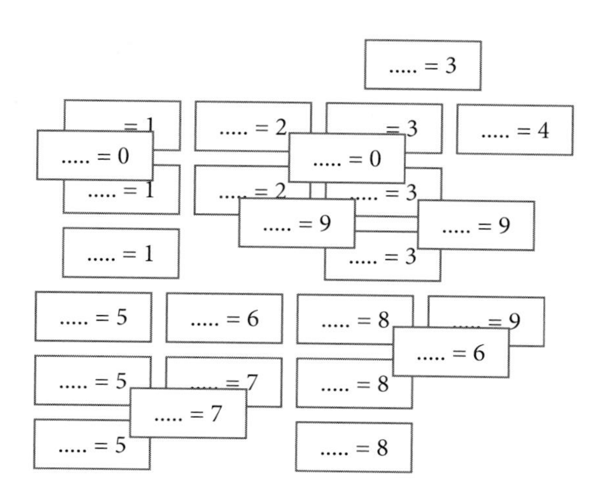

図 10-5　対象データ

…

…

…

…

…

簡単でしたか？　仮に出力値が9であるデータをトレーニングデータに一切含めなければ、該当データはすべて不正解になるはずです（**図10-6**）。なにしろ正解が学習時の選択肢にないので、その学習結果に基づいた予測では分類されようもありません（回帰では可能かもしれませんが）。

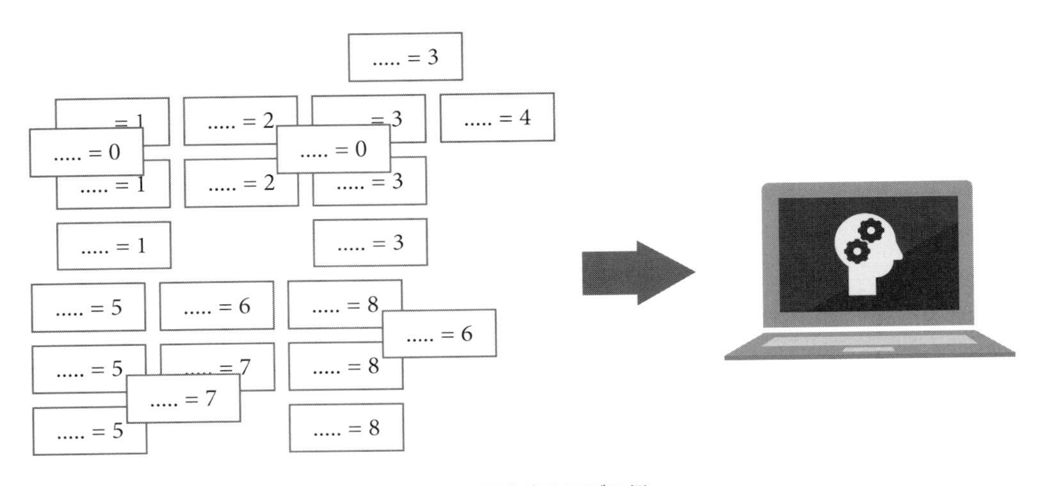

図10-6　正答率を下げる例

この例は極端かもしれませんが、トレーニングデータやテストデータが偏ってしまうと公正な評価はできません。先の例ですべてではなくても「9」のデータを1、2例だけ残しても、正答できるとは期待できません。このため、トレーニング用とテスト用に2分割する場合には通常、ランダムに2つに分けることがよく行われます。十分にデータ量が多ければ、統計的に偏らないと考えてよいでしょう（当然ながらデータの性質によります）。

実際にはデータ数は有限なので、ランダムな場合でもたまたま偏ってしまい、それが悪影響を及ぼすことも考えられます。あるいは恣意的な分割を疑われる余地を残してしまうかもしれません。特にそもそもデータの出現率に偏りがある場合には、ランダムに分けると、片方にしかデータがない、あるいは片方だけデータが多い、といったことも想像されます。

これに対する解決策の1つが、交差検証法です。

ここでは10分割する例で説明します。まずデータセットをランダムに10分割します。そして先頭のデータセットをテストデータに、残りをトレーニングデータとします。同様に2つ目をテストデータとし、……といったように10個の組み合わせができます（**図10-7**）。

データNo
0
1
2
3
4
5
6
7
8
9
10
11
12
13
14
15
16
17
18
19
20
21
22
23
24
25
26
27
28
29

➡

データNo	データセットNo	計算1	計算2	計算3	計算…
16	0	テストデータ	トレーニングデータ	トレーニングデータ	
25					
1					
18	1	トレーニングデータ	テストデータ	トレーニングデータ	
0					
21					
4	2	トレーニングデータ	トレーニングデータ	テストデータ	
11					
26					
12	3	トレーニングデータ	トレーニングデータ	トレーニングデータ	・・・・
14					
19					
7	4	トレーニングデータ	トレーニングデータ	トレーニングデータ	
10					
3					
9	5	トレーニングデータ	トレーニングデータ	トレーニングデータ	
28					
29					
2	6	トレーニングデータ	トレーニングデータ	トレーニングデータ	
13					
8					
20	7	トレーニングデータ	トレーニングデータ	トレーニングデータ	
27					
23					
22	8	トレーニングデータ	トレーニングデータ	トレーニングデータ	
6					
17					
24	9	トレーニングデータ	トレーニングデータ	トレーニングデータ	
15					
5					

図10-7　データセットの分割と組み合わせ

この10個の組み合わせすべてについて正答率（などの評価指標）を得ます。単純化して考えれば、統計的に均質になっていれば、10通りの正答率すべてが合致するはずです。実際には完全に合致することはまれでしょうが、ほぼ近い値となるはずです。

もしいずれかで大きく値がずれた場合、何かが適切でないことがわかります。学習がうまくいっていないのか、データに不備があるのか、データに特異な特性があるのか、など再検討するべきでしょう。

10.5.2 Azure Machine Learning Studio（classic）上における交差検証

Azure Machine Learning Studio (classic) にはそのまま「Machine Learning」→「Evaluate」→「Cross Validate Model」というブロックがあります。これは「Train Model」と「Evaluate Model」を合わせたような機能を持ちます。自動的に 10 回の交差検証を実行し、評価します。

例えば Iris Dataset に対して Neural Network で交差検証をしてみましょう。**図 10-8** のようにものすごく簡単になります（むしろ交差検証でないほうがブロック数が多いことになります）。

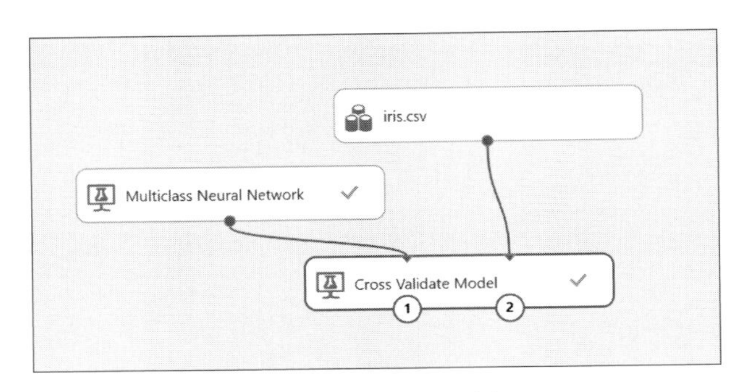

図 10-8　交差検証の実行

これを実行後、「Cross Validate Model」の出力 2 を見てみると、**図 10-9** のようになっています。10 回分の各評価値がずらっと示されています。また下端にはその集計値も表示されています。

Fold Number	Number of examples in fold	Model	Average Log Loss for Class "Setosa"	Precision for Class "Setosa"	Recall for Class "Setosa"	Average Log Loss for Class "Versicolor"	Precision for Class "Versicolor"	Recall for Class "Versicolor"	Average Log Loss for Class "Virginica"	Precision for Class "Virginica"	Recall for Class "Virginica"
0	15	Multi-class Neural Network	0.000642	1	1	0.003973	1	1	0.008658	1	1
1	15	Multi-class Neural Network	0.001813	1	1	0.048807	0.833333	1	0.573346	1	0.75
2	15	Multi-class Neural Network	0.000417	1	1	0.033482	0.75	1	0.348082	1	0.5
3	15	Multi-class Neural Network	0.000187	1	1	0.083447	1	1	0.016324	1	1
4	15	Multi-class Neural Network	0.000327	1	1	0.010547	1	1	0.016599	1	1
5	15	Multi-class Neural Network	0.000251	1	1	0.088075	0.777778	1	0.436577	1	0.6
6	15	Multi-class Neural Network	0.000209	1	1	0.01139	0.666667	1	0.227208	1	0.8
7	15	Multi-class Neural Network	0.000108	1	1	0.101043	1	1	0.044983	1	1
8	15	Multi-class Neural Network	0.000255	1	1	0.019629	0.4	1	0.49244	1	0.625

図 10-9　交差検証の結果

本章では機械学習の結果を評価する手法を紹介しました。

機械学習を実用に供するためには評価が重要です。正しく評価することで、導入のメリット・デメリットを適切に判断することができます。このことは、例えば経営者への説明では最も重要な点であると考えられます。

これは同時にミスを抑制することにもつながります。特定の条件下でのみ成立する機械学習を導入してしまうと、大変な損害をもたらすかもしれません。正しく評価して、危険性をできるだけ排除することも、実用化のためには重要な視点であると考えられます。

Chapter 11

独自処理

この章を書くかどうかは、本書の立場からするとかなり悩みました。プログラミング不要といいながら、ここでの内容はプログラミングをする内容だからです。

とはいえ、Azure Machine Learning Studio（classic）を最大限活用するには、場合によってはここに示す内容が必要になることがあります。ですので、以下にどんなことができるのか、という取り出し口だけを記載することとします。

11.1 NET# を用いた Neural Network モデルのカスタマイズ

本書で示した範囲の Neural Network 利用のブロック「Multiclass Neural Network」「Two-Class Neural Network」「Neural Network Regression」では、通常の Neural Network の利用しか行っていません。いろいろと広げてしまうと身動きがとれなくなってしまうので、試行においてはこれで十分と考えています。

これに対し、より強力なツールとして活用するためには「CNN（Convolutional Neural Network）」や「RNN（Recurrent Neural Network）」を用いる必要が出てくるかもしれません。そのためには現状では GUI だけでは足りません。

Azure Machine Learning Studio（classic）では Neural Network のブロックにおいて、プロパティ欄の「Hidden layer specification」で「Custom definition script」を指定し、「Neural network definition」欄に NET# 言語を用いた記述をします。

その詳細までは記述しませんが、Experiment のサンプルにはこれらを用いているものがあります（Convolution などで検索）。ほとんどの例は画像処理になっています。

11.2 Web サービス化と Android アプリ作成

Azure Machine Learning Studio（classic）には、学習モデルを外部から利用できるようにWebサービス化する機能があります。これを用いれば、Azure Machine Learning Studio（classic）上でトレーニング・評価したモデルを、例えばスマートフォンアプリから利用できます。

プログラミングは本書の趣旨には合致しませんので、ここでは本書のサポートページで紹介している筆者による Android アプリから利用することにします。

大まかな手順を以下に示します。

① トレーニング用の Experiment を作成し、トレーニングを実施する

② 上で生成されたモデルを「Save as Trained Model」で保存する

③ テスト用の Experiment を作成し、上で保存したモデルを使用したテスト処理を実施する

④ 画面下端にある「SETUP WEB SERVICE」から「Deploy Web Service[Classic]」を実行する

⑤ 表示される画面で「API Key」を確認する（どこかにコピーしておく）

⑥「REQUEST/RESPONSE」をクリックする

⑦ 上で表示される画面の下のほうに C#、Python、R でのコード例が表示される

上記の手順で得られる API Key とコード例をもとにすれば、いわゆる JSON データの送受信プログラムが完成します。他言語をお使いの方でもコード例を見れば、おおよその流れは理解できるでしょう。実際に本書のサポートページで配布している Android アプリは、C# のコード例をもとに作成しています。

Tea Break

日本の IT 化の遅れと AI 化による最後のチャンス

新型コロナウィルスの影響で社会が大きく変容を求められる中、日本を IT 大国と思っていた人も、必ずしもそうではない部分が多かったことに気付いたのではないでしょうか？

確かに製造業として、コンピューター分野で一時期は世界シェアトップクラスの領域もありました。例えば液晶やメモリーではシャープや東芝を筆頭に世界に冠たるシェアを築き上げました。しかし、現在、日本のシェアは必ずしも大きくなくなっている領域も広がっています。

そもそも国内の産業そのものにおいて IT 化が進んでいたのか、というとこれは残念ながら遅れている部分も多いといわざるを得ません。良いか悪いかの議論はさておいて、意志決定の遅れなど、IT 化の遅れが日本の成長を阻害してきたことはもはや共通認識ではないでしょうか。

これにはさまざまな理由が論じられています。1 つには日本国内には多数の小さな企業が、規模が小さいまま存続していることが挙げられます。従来の IT 化はある程度の規模がないと費用対効果の面で難しいためといわれています。確かに従業員数が数名～十数名の規模で、IT 機器やソフトウェアによる業務改善を行おうとすると、その変更コストが業務の維持を妨げてしまうのかもしれません。

しかし、成長を阻害していることは明らかです。吸収合併などによる規模拡大などの対策も必要でしょうが、AI 化でより小規模でも導入しやすいという側面も考えられます。むしろこの機会に IT 化（つまり IT + AI 化）をすることが必要だ、と考えられます。

IT 化をしてこなかった分、IT+AI 化によるメリットは AI 化よりも甚大です。この差に商機を見いだして、一気に転換することができれば、小規模な現場でも導入が可能になるのではないでしょうか。

付属アプリについて

A.1 付属アプリ「IoT Magic」について

「IoT Magic」は Android アプリとなっています。アプリストア「Google Play」で無料で公開していますので、ストアで「IoT Magic」で検索していただければインストール可能です。

このアプリは計測のほか、Azure Machine Learning Studio（classic）で作成した学習モデルを用いた推定を行うことができます。

計測を行うには最初に「answer」欄に正解データを入力します。数値でも文字列でも構いません。例えば「0」「1」あるいは「empty」など、計測状態に合わせて入力します。

次に「FILE OPEN」で保存先を用意します。保存先は PC とのやりとりがしやすいようにカメラアプリと同じフォルダー（通常は DCIM）内となっています。保存先のファイル名は画面に表示されます。

次に「count」欄に繰り返し回数を入力します。入力しないと 1 回となります。

「振動あり」にチェックが入っていると、バイブレーション機能を用いてスマートフォンが振動しながら計測をします。デフォルトでは ON になっています。

最後に「SAVE START」ボタンを押すと、計測が始まります。

Azure Machine Learning Studio（classic）で作成したモデルを用いて予測を行うには、最初にモデル（Web サービス）を登録します。画面下端にある「WS を追加」ボタンをクリックして登録してください。

登録には名前のほかに URL と Auth Key が必要です。この 2 つは Azure Machine Learning Studio（classic）でモデルを Web サービス化すると自動的に生成されますので、その値をコピーします。

登録したモデルを用いて推定を行うには、「WS で推定」ボタンを押して表示されるプルダウンメニューでモデルを選んでから、そのボタンをクリックします。推定結果は画面中ほどより下にあるテキストエリアに表示されます。

A.2 付属アプリ「録音 2 パワースペクトル」について

「録音 2 パワースペクトル」は Android アプリとなっています。アプリストア「GooglePlay」で無料で公開していますので、ストアで「録音 2 パワースペクトル」で検索していただければインストール可能です。

このアプリは「START」ボタンを押してから「STOP」ボタンを押すまでの間、一定間隔で録音し、録音データのパワースペクトルを求めてファイルへ保存します。「IoT Magic」アプリと同様にこのアプリでも保存先はカメラと同じフォルダーになり、そのファイル名がアプリ上に表示されます。

保存データは CSV 形式となっており、1 行が 1 回の録音のパワースペクトルとなっています。これを PC に取り込んで Excel で編集するか、Azure Machine Learning Studio（classic）へアップロードして使用します。

図 A-1　IoT Magic

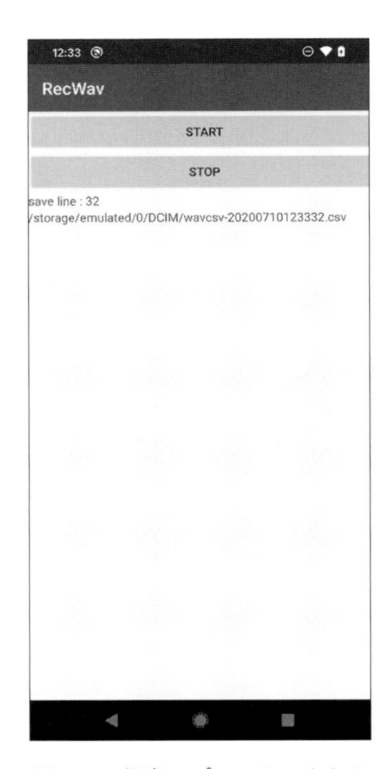

図 A-2　録音 2 パワースペクトル

参考文献

[1] 神林長平（著）,『帝王の殻』（文庫版）, 早川書房 , 1995

[2] 天野直紀（著）,『実践 IoT』, オーム社 , 2018

[3] 岡谷貴之（著）,『深層学習』, 講談社 , 2015

[4] The R Project for Statistical Computing, https://www.r-project.org/

[5] 栗原伸一（著）,『入門統計学』, オーム社 , 2011

[6] Microsoft,「Azure イン オープン プランのライセンスの紹介」, https://azure.microsoft.com/ja-jp/offers/ms-azr-0111p/

[7] ソフトバンク コマース & サービス株式会社 ,「Open ライセンスなら、簡単に Microsoft Azure を導入できます！」, https://licensecounter.jp/azure/lp/open_license.html

[8] Cygwin, https://www.cygwin.com/

[9] トランスナショナル・カレッジ・オブ・レックス（編）,『フーリエの冒険』, 言語交流研究所ヒッポファミリークラブ , 1988

[10] 内閣官房情報通信技術（IT）総合戦略室 ,「データカタログサイト」, https://www.data.go.jp/

[11] 政府 CIO ポータル , https://cio.go.jp/policy-opendata

[12] Microsoft,「Azure Machine Learning Studio（クラシック）におけるサンプル データセットの使用」, https://docs.microsoft.com/ja-jp/azure/machine-learning/studio/use-sample-datasets

[13] Kaggle,　https://www.kaggle.com/

[14] 公益社団法人 土木学会 ,「インフラデータチャレンジ」, http://jsce-idc.jp/（消失）

[15] 経済産業省 ,「キャッシュレス・ビジョン」, https://www.meti.go.jp/press/2018/04/20180411001/20180411001-1.pdf, 2018

[16] 本橋智光（著）,『前処理大全―データ分析のための SQL/R/Python 実践テクニック―』, 技術評論社 , 2018

[17] R.A. Fisher（作）, Michael Marshall（提供）,「Iris Data Set」, https://archive.ics.uci.edu/ml/datasets/iris

[18] 阿部重夫（著）,『パターン認識のためのサポートベクトルマシン入門』, 森北出版株式会社 , 2011

[19] 経済産業省 ,「工場立地動向調査」, https://www.meti.go.jp/statistics/tii/ritti/index.html

[20] 総務省 ,「平成 30 年情報通信白書」, https://www.soumu.go.jp/johotsusintokei/whitepaper/ja/h30/html/nd252510.html

[21] Microsoft,「Machine Learning Studio: algorithm and module help」, https://docs.microsoft.com/en-us/azure/machine-learning/studio-module-reference/machine-learning-studio-algorithm-and-module-help

[22] C. M. ビショップ（著）, 元田浩・栗田多喜夫・樋口知之・松本裕治・村田昇（監訳）『パターン認識と機械学習 上／下』, 丸善出版 , 2012

おわりに

最初の原稿執筆時にはノンプログラミングで機械学習を使える人が増えればよい、という比較的単純な考えでした。機械学習の社会実用化が増え、それがIoTによる効率化や省力化なども実現し、労働力人口の減少などの社会問題解決に資すると考えていました。

その後、校正の間に新型コロナウィルスによる大きな社会問題が発生しました。この「おわりに」を書いている現在も、この社会問題は進行中です。今後どうなるかわかりませんが、仮にいきなりすべてが終息したとしても、社会に与えた影響はすでに甚大なものがあります。

個人的には、家族を持つ身として、これほど継続的に家族の生命に関わるリスクを考慮しなければならないことはこれまでにありませんでした。特にこどもたちを守るという視点では難しいことが今でもたくさんあります。

教員としては、安全かつ安心に学生に学んでもらうためにはどうすればよいのか、これまで培ってきたさまざまな手段をすべて活用し、さらに新たな試みを繰り返しています。安全だけを考えてしまうと学習内容は揃っても、学習実感が希薄になってしまいます。それを補うために最初の学期は多数の動画を用意しました。

研究者としては、これまで行ってきた学外での実験継続が困難になりました。単なる机上の空論であれば継続可能ですが、実社会に役立たせようとすれば、どうしても実社会でのデータが必要となります。新しい装置を開発しても、それを現地で実評価できないのです。特に直近の研究は遠方での実験が多かったので、別の方法を考えなくてはなりません。特に大学院生にとっては人生に大きな影響が出てしまいますので、短期間で解決する必要があります。

さまざまな視点がありますが、いずれも最新の情報を集めて試行し、これまでの慣習やルールを見直すといったことであったように思います。新型コロナウイルス以前であれば、講義をYouTubeで行うなどとはなかなか言い出せるものではなかったのですが、今なら実験をしている現場から遠隔で講義するというのもよさそうです。実際には遠方へ移動することが困難ですが……。

一方でAI/機械学習は新たなメリットをもたらしつつあります。例えば何かの業務を行うことは、これまでであれば主に雇用と経費の問題でした。労働力人口の減少に伴い多数の人員を抱えることはいずれにしても困難になっています。もちろん経費を圧縮して経営効率を高める必要性もあります。したがって自動化＝省力化という視点でこれまでは動いてきたといえます。しかし現在は衛生管理という側面が出てきました。担当者をどうやって感染から守るのかという視点がクローズアップされています。人の動きには感染リスクがあるので、これを削減できないか、となるわけです。

これはある意味でチャンスかもしれません。機械学習の導入にかかる経費と比較される内容が増えたので、相対的に機械学習導入のコストは下がったともといえます。ここで一気に機械学習を導入することができれば、衛生管理を実現し皆さまの健康を良好に保つ一助になりつつ、経営効率を向上させることができます。このことはwithコロナ時代に社会を大きく下支えすることになるのではないかと考えます。

最後になりましたが、本書を完成させるため、新型コロナウィルスの多大な影響の下で編集、校正、デザインなどでご尽力いただいた皆さまに心より感謝いたします。

著　者

INDEX

〈著者略歴〉
天 野 直 紀（あまの　なおき）
1993 年　東京工科大学工学部機械制御工学科卒業
1998 年　東京工科大学大学院工学研究科博士課程単位取得退学
1999 年　東京工科大学メディア学部 助手
2003 年　東京工科大学メディア学部 講師
2011 年　東京工科大学メディア学部 准教授
現　在　東京工科大学工学部電気電子工学科 准教授
博士（工学）（東京工科大学）

〈おもな著書〉
『実践 IoT―小規模システムの実装からはじめる IoT―』（オーム社、2018）
『図解コンピュータ概論［ハードウェア］改訂 4 版』（共著、オーム社、2017）
『プログラミングで学ぶ 基礎物理とデータ処理』（共著、コロナ社、2003）

プログラミングなしではじめる人工知能

2020 年 9 月 25 日　　第 1 版第 1 刷発行

著　者　天 野 直 紀
発 行 者　村 上 和 夫
発 行 所　株式会社 オーム社
郵便番号　101-8460
東京都千代田区神田錦町 3-1
電話　03(3233)0641(代表)
URL　https://www.ohmsha.co.jp/

組版　トップスタジオ　　印刷・製本　三美印刷
ISBN978-4-274-22558-1　Printed in Japan

オーム社の

マンガでわかる シリーズ

楽しいマンガと
わかりやすい解説でマスター

イラスト：
井上いろは／トレンド・プロ

【オーム社の マンガでわかる シリーズとは？】

興味はあるけど何から学べはよいのだろう？
計算や概念が難しい…
学生の時、苦手でした。
かといって今さら人に聞くのは恥ずかしい…
知っているけど、うまく説明できない。
仕事で統計学を使うことに。…えっ、数学いるの！？

…というイメージを持たれがちな、理系科目。本シリーズは、マンガを読み進めることで基本をつかみ、随所に掲載された問題を解きながら理解を深めることができるものです。公式や演習問題ありきの参考書とは違い、**「いまさら聞けない基本項目から無理なく楽しんで学べる」のがポイント！**

理　学

マンガでわかる統計学

統計の基礎から独立性の検定まで、マンガで理解！ 統計の基礎である平均、分散、標準偏差や正規分布、検定などを押さえたうえで、アンケート分析に必要な手法の独立性の検定ができることを目標とします。

マンガで統計学をわかりやすく解説！

●主要目次●

こんな方におすすめ！

- 統計の教科書がとにかく難しいと感じる人
- アンケート分析の基本を知りたい人

高橋 信 著／トレンド・プロ マンガ制作
B5変判／224頁
定価　2,000円＋税
ISBN 978-4-274-06570-7

もっと詳しい情報をお届けできます.
◎書店に商品がない場合または直接ご注文の場合も右記宛にご連絡ください.

ホームページ　https://www.ohmsha.co.jp/
TEL／FAX　TEL.03-3233-0643　FAX.03-3233-3440

F-1903-257-1

（定価は変更される場合があります）